Kid Confidence

Help Your Child Make Friends,
Build Resilience, and
Develop Real Self-Esteem

学会
自我接纳

帮孩子超越自卑，走向自信

[美] 艾琳·肯尼迪-穆尔（Eileen Kennedy-Moore） 著
张海龙 郭霞 张俊林 译

图书在版编目（CIP）数据

学会自我接纳：帮孩子超越自卑，走向自信/（美）艾琳·肯尼迪-穆尔（Eileen Kennedy-Moore）著；张海龙，郭霞，张俊林译. —北京：机械工业出版社，2020.7（2024.6重印）

书名原文：Kid Confidence: Help Your Child Make Friends, Build Resilience, and Develop Real Self-Esteem

ISBN 978-7-111-65908-2

I. 学… II. ① 艾… ② 张… ③ 郭… ④ 张… III. 个性心理学 IV. B848

中国版本图书馆 CIP 数据核字（2020）第 110374 号

北京市版权局著作权合同登记　图字：01-2020-2444 号。

Eileen Kennedy-Moore. Kid Confidence: Help Your Child Make Friends, Build Resilience, and Develop Real Self-Esteem.

Copyright © 2019 by Eileen Kennedy-Moore.

Chinese (Simplified Characters only) Trade Paperback Copyright © 2020 by China Machine Press.

This edition arranged with New Harbinger Publications, Inc. through BIG APPLE AGENCY. This edition is authorized for sale in the Chinese mainland (excluding Hong Kong SAR, Macao SAR and Taiwan).

No part of this book may be reproduced or transmitted in any form or by any means, electronic or mechanical, including photocopying, recording or any information storage and retrieval system, without permission, in writing, from the publisher.

All rights reserved.

本书中文简体字版由 New Harbinger Publications, Inc. 通过 BIG APPLE AGENCY 授权机械工业出版社在中国大陆地区（不包括香港、澳门特别行政区及台湾地区）独家出版发行。未经出版者书面许可，不得以任何方式抄袭、复制或节录本书中的任何部分。

学会自我接纳：帮孩子超越自卑，走向自信

出版发行：机械工业出版社（北京市西城区百万庄大街22号　邮政编码：100037）	
责任编辑：邵啊敏	责任校对：李秋荣
印　　刷：北京虎彩文化传播有限公司	版　次：2024年6月第1版第5次印刷
开　　本：170mm×230mm　1/16	印　张：14.5
书　　号：ISBN 978-7-111-65908-2	定　价：59.00元

客服电话：（010）88361066　68326294

版权所有·侵权必究
封底无防伪标均为盗版

本书献给我亲爱的朋友克里斯蒂娜·麦克劳克林，感谢你给予我的支持、鼓励和欢乐！

Kid Confidence
推荐序

　　所有的父母都深爱着自己的孩子，希望把最好的东西都给他们。父母会竭尽所能地为孩子提供他们获取成功和幸福所需的任何东西。许多父母都希望能够帮助孩子增强自信，期待孩子能有所收获。哪怕只是一次展示自己的机会，父母都会不惜一切代价地帮助孩子成长。更有甚者，有的家长要求教师不用红笔批改孩子的作业，以确保自家孩子的自尊心不受伤害，孩子的独特性不被抹杀。

　　然而，我们满怀善意的养育方式本是为了让孩子变得自信而从容，却不曾想竟然与研究结论背道而驰，实际的效果不尽如人意。这样看来，我们的良好初衷与我们的养育方式是相互矛盾的。

❀ 俄亥俄州立大学的研究人员[1]在为期一年半的 4

---

[1] Brummelman, E., et al. 2015. Origins of narcissism in children. PNAS 112(12); https://doi.org/10.1073/pnas.1420870112.

个时间段中，跟踪研究了家长和孩子之后发现，对于在研究开始时给予自家孩子过高评价（认为自家孩子比其他孩子更特别，应该在生活中收获更多）的家长，他们孩子的自恋倾向测试得分较高。

♣ 密歇根大学的研究人员[1]通过对超过72份研究报告进行分析，发现在过去30年里，美国青少年的自恋倾向升高了58%，而共情能力降低了40%。

如果我们希望养育出自信、善良、有才能的孩子，那么这些研究结果并不是什么好消息。

那么，父母应该怎么做呢？你不用再琢磨了，答案就在你自己的手中。本书列举了很多具有科研依据并经过实践检验的指导原则，涵盖了家长需要的各种知识，让你能够帮助孩子实现真正的自我接纳，掌握在不确定的世界中必备的生存技能。本书出自广受好评的育儿专家艾琳·肯尼迪－穆尔之手。

我认识艾琳，也欣赏她的作品。她是一名执业心理医生，在青少年、成人以及家庭问题领域具有丰富的执业经验。艾琳出版了多部深受好评的育儿图书，包括《培育友谊：给孩子的交友手册》(*Growing Friendships: A Kids' Guide to Making and Keeping Friends*)、《聪明的方法养育聪明的孩子》(*Smart Parenting for Smart Kids*)、《我该怎么办：吸引父母注意的12个方法（不用去伤害你的妹妹）》(*What about Me? 12 Ways to Get Your Parents' Attention (Without Hitting Your Sister)*)。她经常参加学校活动和各种会议，做有关育儿和少儿发展方面的演讲。她育有4个孩子。如果我们需要有人系统地讲解如何帮孩子"超越自卑，走向自信"，那么艾琳

---

[1] Konrath, S. H., O'Brien, E. H., and Hsing, C. 2011. Changes in dispositional empathy in American college students over time: A meta-analysis. Personality and Social Psychology Review 15(2).

是最恰当的人选。

本书是艾琳根据前沿的研究成果精心打造的育儿宝典。本书将告诉你如何帮助孩子在内心建立真正的自信，从而开创光明的未来。下面是几个需要家长指导孩子掌握的技巧。

- 掌握自我冷静的技巧，避免过度情绪化。
- 鼓励想办法解决问题的态度，避免与同伴发生争执。
- 通过参与对话培养友谊。
- 应对无法回避的校园霸凌、戏弄和其他恶劣行为。
- 培养坚韧不拔等有助于建立自信的品质。
- 培养手足之间更牢固、更健康的关系。
- 学会做出适当的决定，减少无助感，克服犹豫不决的缺点。
- 学会融入社会环境，减轻自身与他人的差异所带来的痛苦感受。

这些还不是全部。艾琳还给出了许多切实有效的技巧，用来引导孩子远离不健康的自我关注，从而远离自卑。"当孩子在联结、能力和选择这三方面的基本需求得到满足以后，他们就不太容易怀疑自己的个人价值。"艾琳这样解释道。所以，她重点讲解这三方面的关键内容，帮助孩子培养真正的、健康的自信。

1. 联结旨在帮助孩子建立牢固和令人满意的人际关系。
2. 能力旨在鼓励孩子坚持努力，掌握有效的学习方法，不过分追求完美。
3. 选择旨在帮助孩子学会做决定，明确个人的价值选择。

我们可以采用这些方法，培养出自信坚强的孩子！

我唯一的建议就是：使用这本书！坚持使用艾琳建议的方法，不仅可以帮助孩子获得当下的进步和成长，而且可以让孩子终身受益。想想看，你将为孩子带来多么巨大的改变！

米歇尔·博芭，教育学博士
著有《观照他人：为什么有同理心的孩子能在这个以自我为中心的世界里成功》(*UnSelfie: Why Empathetic Kids Succeed in Our All-About-Me World*)

Kid Confidence

目录

推荐序

第一部分　概述　| 1

第 1 章

告诉孩子"你很棒"并不能真正帮他实现自我接纳　| 2

什么是自我接纳　| 3
自尊运动的兴起与衰落　| 3
为什么自我接纳如此重要　| 6
有些方法无法真正提高自我接纳水平　| 7
什么是真正的自我接纳　| 8
如何使用本书　| 10

第 2 章

孩子的自尊心随着年龄的增长而发展变化　| 12

"快看我"阶段（2~4 岁）　| 13
起步阶段（5~7 岁）　| 14
自我评判阶段（8~10 岁）　| 16
"显得很好"阶段（11~13 岁）　| 18

"努力做自己"阶段（14～16岁） | 20
刚刚成年和成年以后的自我接纳 | 21
一般趋势和你家孩子的具体情况 | 22
总结 | 23

第二部分　联结 | 25

第 3 章

你为什么总是对我大吼大叫 | 26

为什么有的孩子更容易自卑 | 28
透过别人的眼睛看自己 | 29
区分羞耻感与愧疚感 | 31
提高自我接纳水平的方法 | 34
总结 | 49

第 4 章

你就是偏心 | 51

家庭结构和兄弟姐妹的亲密程度 | 53
兄弟姐妹之间的互动与自我接纳水平 | 55
提高自我接纳水平的一些方法 | 58
手足之间的嫉妒：谁最受宠 | 60
提高自我接纳水平的几个方法 | 64
兄弟姐妹之间的冲突 | 66
提高自我接纳水平的另外几个方法 | 70
总结 | 72

第 5 章

没有人喜欢我 | 74

友谊的重要性 | 75
社会地位和友谊的关系 | 78
提高自我接纳水平的方法 | 78
总结 | 92

第三部分　能力 | 95

第 6 章
这个我不会，我不玩了 | 96

坚毅品质与自我接纳的关系 | 97
培养成长型思维 | 101
提高自我接纳水平的方法 | 102
有效的方法加上刻苦努力就能成功 | 107
总结 | 115

第 7 章
我还是不够好 | 117

自我苛责的成因 | 118
抚平自责情绪 | 119
提高自我接纳水平的方法 | 120
总结 | 134

第四部分　选择 | 137

第 8 章
我到底该怎么办 | 138

反刍性沉思 | 140
提高自我接纳水平的方法 | 141
总结 | 155

第 9 章
我跟他们合不来 | 157

与众不同、格格不入 | 158
提高自我接纳水平的方法 | 160
总结 | 178

第五部分　大局 | 179

第 10 章
如何应对霸凌、戏弄和其他恶劣行为 | 180

孩子经常会有恶劣行为 | 180

XI

区分霸凌和恶劣行为　| 181
如果你家孩子遭遇了霸凌和恶劣行为，你该怎么办　| 184
提高自我接纳水平的方法　| 187
总结　| 194

第 11 章
真正的自我接纳与心态平和　| 195

历史与现状　| 196
真正实现自我接纳的全面之法　| 197
自我安静与真正的自我接纳　| 198
超越自我关注，实现真正的自我接纳　| 202

参考文献　| 204

Kid Confidence

第一部分

概 述

第 1 章
Kid Confidence

告诉孩子"你很棒"并不能
真正帮他实现自我接纳

"我什么都做不好!"

"没有人喜欢我!"

"我是世界上最糟糕的孩子!"

　　身为父母,听到自己疼爱的孩子如此评价他们自己,真是非常痛心。我们不假思索地反驳说:"宝贝儿啊,不是这样的!"然后,我们罗列出他们一个又一个的优点和特别之处,希望能够帮助他们重拾自信。我们深爱着自己的孩子,看着他们无法认可自己,我们一定会感到难以接受,甚至是难以想象!可是,我们越告诉他们"你很棒",他们就越会固执地说:"我真的是太差劲了!"不管我们做父母的多么真诚、多么和蔼,那些自卑的孩子却怎么也听不进去。

　　这样的自卑感非常普遍。几乎每个孩子和每个成年人都曾有过自我怀疑的时刻。甚至在某些阶段,我们会产生一种深深的无力感。只不过,有的孩子对自己的负面评价，出现的频率更高，持续的时间更长，甚至成为他们的自我认知的核心内容。本书旨在帮助家长找到孩子的自卑心理的根源，然后通过一套行之有效的办法，切实地培养孩子的相关能力，帮助他们树立起真正的自信心。我们先来谈一谈什么是自我接纳。

什么是自我接纳

自我接纳包括那些让你对自己产生积极或消极感受的自我评价。这类评价活动反映出我们猜想别人是如何看待我们的。当孩子感到别人对他们印象不好的时候，会认为自己很糟糕。

孩子身上的自卑很容易发现。如果你曾经说过"我儿子一旦犯错误就变得很不高兴"，或者"我女儿做什么都是刚一开始就放弃，她不敢尝试"，那么你家孩子可能正受到自卑的困扰。有时候自卑可能与特定领域相关，比如有的孩子会说"我数学很烂"。有的时候，这种自卑感很宽泛，比如年龄稍大一些的孩子可能会说"我真是个废物"。自卑感强烈的孩子认为自己低能甚至不值得被爱。这类孩子的内心饱受折磨。

自尊运动的兴起与衰落

1986年，美国加利福尼亚州州长设立了一个"自尊与个人及社会责任研究项目"，希望通过提高人们的自尊水平（自我接纳水平）来改善其精神健康水平，从而防止犯罪、少女怀孕以及药物滥用等问题（Baumeister et al., 2003）。在同一时期，教育领域的领导者也在推广同样的思想，即提高孩子的自我接纳水平有助于提升他们的学业水平，从而取得更好的成绩。一时间各类项目层出不穷，掀起了一场自尊运动，人们都希望能够提高孩子的自我接纳水平（Harter，2017）。

非常遗憾的是，提高自我接纳水平并不是一剂万能良药。加利福尼亚州州长推动的研究项目显示，自我接纳水平与预期效果之间的相关性很低。教育领域的研究人员提出，孩子自我接纳水平的提升，反而降低了孩子努力学习、努力尝试的动力。如果孩子都相信自己已经很棒了，那为何还要努力提高呢？还有人认为，努力提高孩子自我接纳水平、培养自信心的活动会占用宝贵的时间，这还不如让教育工作者利用这些时间给孩子传授更多的技巧。况且，孩子并不相信这些流于表面形式的表扬（Damon，1995）。

珍·特吉博士和她的同事在2008年的研究报告中指出，提升自我接纳水平的教育活动，造成了如今"80后"这一代人比前辈们更缺乏同理心，更以自我为中心，并且更加焦虑和沮丧。另外一些研究人员并不认可这一结论。他们认为，上述研究中所观察到的不同代际在"以自我为中心"这一点上存在差异，主要体现了人在一生之中的特定成长阶段呈现的短期差异，而且调查问卷的设计和样本的选择也存在问题（Arnett，Trzesniewski, and Donnellan，2013）。

我们不一定非要爱自己

直到今天，自我成长的大师和励志类文章经常鼓吹：我们必须爱自己，才能拥有幸福美满的人生。这简直是一派胡言。数不清有多少人曾经站在镜子面前问自己："我真的爱我自己这个人吗？"如果他们真的爱自己，你还愿意和他们做朋友吗？你很可能不会愿意和这样的人做朋友。

按照常理，那些自我感觉良好的孩子，在生活中会表现得比较好。然而，研究结果并非如此。罗伊·鲍迈斯特及其同事在2003年进行了一项非常详细的研究后指出，较高的自我接纳水平不一定会带来较好的学业水平，不能防止孩子抽烟、喝酒或者发生早期的性行为，也不会带来更健康的人际关系。实际上，有霸凌行为的孩子通常都具有较高的自我接纳水平！

较高的自我接纳水平无助于形成较好的学业水平，其中一个原因是它有时候容易导致自恋情结。自恋的人不仅对自己感觉良好，而且通常觉得自己比他人都好。他们相信自己非常特别，因此应当得到他人的优待。他们特别以自我为中心，不惜忽视、践踏他人的感受和愿望。如果他们做点什么好事，完全是因为想让自己看起来更好。他们经常自吹自擂，寻求他人的仰慕。他们的行为就像在观众面前表演一样。

尽管自恋的人具有较高的自我接纳水平，但是这种自我接纳非常脆弱。他们一旦遭遇失败，或者不如别人做得好，或者遭到批评，甚至只是没有得到别人热情的称赞，他们就会恼羞成怒。一旦事情进展不顺利，他们会立刻开始自我防卫，冷嘲热讽地指责他人。

我们当然不希望自家孩子是这个样子。自恋的人只关心自己看起来好不好，而不关心自己是否真好。他们表现出来的自信非常肤浅，缺乏深度。

"过于维护自我"会适得其反

自恋倾向不明显的孩子有可能陷入让自己"看起来很好"的陷阱。当孩子专注于提升自我接纳程度时，最终会适得其反，导致失败。假如学生担心考试失利，恰当的应对措施是提前备考，或者向老师寻求帮助。如果学生的关注点在于维护自我，那么他就不会这么做。因为他不希望自己在别人眼里显得"笨"，或者自己觉得自己"笨"。于是，他就会拖延到最后一刻才开始准备。这样一来，如果考试结果不好，他就会自我安慰说："我考不好是因为没有足够的时间复习。如果我努力一点，那么我一定会做得更好。"他有可能会公开抱怨考试不公平，抱怨课堂效果不好，还有可能说老师没尽职尽责。他会想尽一切办法回避事实：他根本不熟悉学习内容，也没有花时间学习。

珍妮弗·克罗克及其同事在2010年调查了人们为提升自我接纳水平所需付出的高昂代价。他们发现，当人们面对一项非常重要却没有把握完成的任务时，人们有时候会故意不努力。心理学把这种情况称为"自我设限"，它指的是人们自己创造一种场景，让事情本身注定会失败，并且提前为这个失败准备好一个借口。为了维护自我，人们可能采取的"自我挫败"方式包括作弊、撒谎、找借口、回避难题、指责他人、鄙视他人，或者对别人的批评大发脾气。他们试图让自己"看起来很好"，有时却暴露了自己最糟糕的那一面。

为什么自我接纳如此重要

过于维护自我很可能会适得其反。这是否意味着我们应该全面否认自我呢？不是的。我们通过长期的研究了解到，自我接纳水平较低，也就是通常人们所说的自卑，是导致抑郁或者饮食紊乱的风险因素之一。乌尔里希·奥思和他的同事在2014年的研究中指出，自卑不仅是抑郁的症状，还可能是抑郁的前兆。

自卑会带来情绪上的痛苦。当孩子讨厌自己的时候，情绪上的痛苦变得更严重、更令人窒息、更无法逃避。

自卑会带来自我实现的预言效应。比如，当一个孩子觉得其他孩子不喜欢自己的时候，他会选择回避与其他孩子互动，这样的行为让他自己显得不友善。起初他担心被人排斥，而现在这种担心演变成现实。

有些方法无法真正提高自我接纳水平

很多试图帮助自卑的孩子提升自我接纳水平的方法并没有发挥其作用。比如，告诉自卑的孩子"你很棒"，会让孩子感觉更糟糕。埃迪·布鲁梅尔曼及其同事曾经开展了一项研究，他们让一群孩子玩一款计算机游戏（Brummelman et al., 2014b）。第一局不用比赛，让孩子自由练习。练习结束后，有的孩子收到一条表扬信息："哇！你太厉害了！"然后，让这些孩子继续玩游戏。当孩子输掉游戏时，收到过表扬信息的孩子比那些没有收到表扬信息的孩子感觉更丢脸。这一现象在有自卑感的孩子身上更加明显。当自卑的孩子被夸奖"你很棒"，却无法获得表扬或达到预期的效果时，就会感觉自己"很没用、很差劲、很丢脸"。

让孩子对自己说一些自我赞扬的话是否可行呢？自我赞扬会让自卑的孩子感觉更糟，因为他们自己明知达不到自我赞扬的那种水平。乔安妮·伍德的团队在2009年对大学生群体进行的一项研究表明，鼓励自卑的学生不断对着自己重复说"我是个可爱的人"，或者让他们从内心相信这种说法是真实的，并不能给他们带来更好的感受，反而让他们感觉更加糟糕，对自己更不满意。这种做法不仅没有提高学生对自己的认可程度，反而更加凸显和强化了他们脑子里"自己并不可爱"的看法。

也许自卑的孩子需要通过体验成功来提高自我接纳水平。可实际上这样也行不通。自卑的孩子很难认同自己取得的成功。他们对自己取得的成功吹毛求疵，总是坚持说："我表现得根本就没有那么好。人人都能做到的。况且，我还有一部分真的搞砸了。"乔安妮·伍德的团队在2005年做了一项研究，发现自卑的人获胜后比失败后还要焦虑。自卑的人觉得自己取得的成功既意外又危险。

成功无法有效击溃自卑，因为自认无能的人无法接受成功的现实。成功甚至让他们感受到某种威胁。自卑的孩子偶尔有一次良好的表现，就会担心无法保持下去，要么担心别人对自己期望更高，要么害怕自己更受关注，将来他一旦遭遇失败，就会在更广的范围内遭到羞辱。伍德认为，这种情况就属于"摆脱胜利，努力失败"。

这些提高自我接纳水平的方法都不可行，其原因在于这些方法都进一步强调了对自我的关注。这些做法总是在引导自卑的孩子不断进行自我评价。自我评价这件事，已经让他们饱受刺激，令他们痛苦不堪。

什么是真正的自我接纳

摆脱自卑的关键在于放弃对自我的关注。真正的自我接纳不是认为"自己很特殊"或者"自己很优秀"。真正的自我接纳意味着不再追问：我看起来是不是足够好？

试想你和朋友在一起的情形，你的朋友对你的方方面面都很了解。你们待在一起的时候，你不用总是想着："我的朋友喜欢我吗？""我现在能给他留下个好印象吗？""我的朋友会不会不愿意搭理我了？"你根本不会去想这些问题，因为你的关注点并不在自己身上，而在你和朋友正在做的事情上，或者正在谈话的内容上。这样的情形让你感到轻松自在。

真正的自我接纳就是要找到这种完全关注当下的状态。当我们精神上不再退缩，不再时时评价自己的时候，我们才能自在地倾听、学习、尝试和体验，才能从容地做事和关爱他人。

那我们如何帮助自卑的孩子摆脱自我关注的状态，帮助他们不再纠结于苛刻的自我评价呢？理查德·瑞安的团队在2000年和2003年进行了一些研究，结果表明，我们需要满足孩子心理上的几项基本需求——

联结、能力和选择。一旦这些基本需求得到满足，孩子就不会总是沉浸在自我评价中，反复质疑自身的价值。下面我们将分别探讨这几项基本需求。

联　　结

联结是指与他人建立有意义的关系，从而创造出一种归属感。良好的家庭关系和朋友关系有助于真正实现自我接纳。因为这些良好的关系让孩子脱离了自我关注，而转向了对他人的关爱。一旦孩子得到了理解、接纳和重视，他们就更容易不去质疑自身的价值。当孩子能够与他人欢度时光，或能够关爱他人时，孩子就不会过分关注自我的缺陷。

能　　力

能力在于掌握了一定的技能和学习的方法。孩子拥有了能力，就可以做对他们来说重要的事情。比如，在数学方面接纳自我，就意味着他们在解答一些数学难题时，知道该怎么做。孩子还要懂得，无论自己现在的能力如何，都是目前暂时的状态，因为他们有能力继续学习和不断成长。如果我们只是告诉孩子，他数学学得好，而不帮助他掌握数学学习的相关能力，这会让他产生一种与现实不相匹配的主观愿望。当孩子专注于学习和提高能力的时候，他们一般不会认为人生的全部价值在于某一次表现如何，也不会把失败当作自己无能的表征。

选　　择

可以选择意味着可以自己做决定。孩子需要弄清楚什么对自己来说是重要的，然后按照符合自己价值判断的方式采取行动。任何人都不喜欢无力感，都讨厌受控于外在的力量。与成年人相比，尽管孩子缺乏决定自身行为的机会，但是他们仍然能够通过自己的选择形成力量感。选择让孩子能够凝聚内在的动力来追求自己的目标，而不会陷入无助的状态。

如何使用本书

本书不是要帮助你提高孩子的自我接纳水平。试图说服孩子相信"自己很好"是毫无用处的。对于自卑的孩子来说，肤浅的安慰无法缓解自我怀疑、自我批评所造成的内心痛苦。

本书提供了一套强大而精巧的方法，用来引导孩子脱离不当的自我关注状态，从而解决自卑的深层次根源问题。在本书中，第二部分将解释你该如何帮助孩子与父母、兄弟姐妹、朋友建立稳固良好的关系。第三部分将会讲解如何帮助孩子持续地努力，高效地学习，同时克服不良的完美主义。第四部分主要会讲解家长如何帮助孩子学习做决定，以及如何设立个人的长远目标。当孩子在"联结、能力、选择"方面的基本需求得到满足时，他们就不会再纠结于自身的价值问题。当他们全身心投入生活的时候，自然无暇顾及自我评价，从而真正开始接纳自我。

本书重点关注的对象是6～12岁的儿童，因为这个年龄段是实现自我接纳的关键时期。这个年龄段的孩子已经可以进行逻辑思考，比起年龄更大一些的孩子，头脑相对更加开放，更容易接受父母的教导。这个年龄段的孩子所形成的自我接纳意识，不会像更高年龄段的孩子以及成年人的那样稳固（Trzesniewski, Donnellan, and Robins, 2003）。在这个时期，孩子对自我的看法还没有定型，我们还有机会进行干预，从而缓和他们过度的自我批评行为。

本书提供了很多办法。你只需要选择适合你的家庭和孩子的办法就可以了。如果你的孩子数星期甚至数个月持续感到情绪低落和自卑，尤其是当你发现这种情况已经影响了他们的日常活动，甚至让他们产生了自杀的想法，请一定要向精神健康方面的专业人士求助。

下一章的主要内容是自我接纳的不同发展阶段。我会讲述自我接纳的早期信号，以及随着年龄的增长，孩子的自我接纳将如何发展变化，以便家长了解孩子当前年龄段的典型表现，以及他们下一个发展阶段可能会出现的情形，从而提前做到心中有数。

然后，我会讲解自卑的孩子通常会遇到的困难，以及家长可以提供哪些具体的帮助。各章的标题可能是你曾经听孩子说过的一句话。这些话代表了自卑的孩子所遭遇的困难。你可以按顺序阅读本书，也可以跳过某些章节，直接阅读与自家孩子最相关的部分。

自卑的孩子深陷于自我贬低的状态，无法自拔。本书提供的方法可以用来安抚那些过度自我关注的孩子，减轻他们的焦虑，让他们更积极主动地参与现实世界的活动，从而创造出属于他们自己的美满生活。

实用要点

- 尝试告诉自卑的孩子"你很棒"，会加重孩子过度自我关注的倾向，让他们的自我感受更加糟糕。
- 对自卑的孩子来说，成功不仅无助于建立自信，反而会带来内心的压迫感。
- 满足孩子"联结、能力和选择"这三项基本的心理需求，对孩子形成真正的自我接纳至关重要。
- 当孩子不再关注"我是否足够好"这个问题的时候，才能够建立真正的自我接纳。

第 2 章

Kid Confidence

孩子的自尊心随着年龄的增长而发展变化

人的自我意识是从什么时候开始的呢？通过心理学红点实验这类巧妙的实验，我们可以对最初的自我意识有所了解。在红点实验中，实验人员偷偷地在婴儿的鼻子上点了一个红点，然后将婴儿带到镜子前。看到红点后，非常小的婴儿会把手伸向镜子。18个月大的孩子能认出镜子中的自己，从镜子中看到红点后，他们会用手擦自己的鼻子（Rochat，2003）。这意味着他们能够意识到自己是独立个体。同时，他们至少还知道自己平常的外表是什么样的。在18~27个月这个阶段，孩子就开始说"我""我的"这类词语了。当然，这个阶段的孩子并不是一整天坐在那儿观察自己，别的什么都不做的。

苏珊·哈特观察了几百个孩子，研究了不同年龄段的孩子是如何看待自己的（Harter，2012）。根据这一研究，我将不同年龄段的孩子分成下面几个主要的发展阶段来讲解，并说明孩子在每个阶段的典型表现。认识了这几个阶段，有助于我们了解孩子在自我认知过程中的各种经历。自我接纳水平较低有时只是个别孩子的情况，有时可能是孩子成长阶段的一般情形。这些一般情形为你观察自家孩子提供参照。

每个阶段的年龄划分只是一个大致的年龄范围，有的孩子会提前一点，有的孩子会滞后一些。

在深入了解孩子在每个阶段的自我接纳状况的过程中，你会发现"联结、能力、选择"是每个阶段反复出现的需求主题。各年龄段的孩子都爱关注自己与他人之间的关系，希望感受到自己的能力。另外，随着年龄的增长，所有的孩子都会日益关注自己能否决定重要的事和想做的事。我会在本章中做一些重点提示，给家长辅导不同阶段的孩子提供一些思路。

"快看我"阶段（2～4岁）

虽然自我意识强的孩子讨厌被关注，但是大多数学龄前儿童多少都有点爱炫耀。我把2～4岁这个阶段称为"快看我"阶段。爱炫耀的孩子都有较高的自我接纳水平，因为他们还不能客观地评价自己。他们经常说大话，比如"我跑得最快""我全都知道"。他们希望自己的壮举被人关注。因此，他们会一边在屋子里上蹿下跳，一边说着："快看，我跳得多棒！"

对于这个阶段的孩子，成年人的反应对他们的影响较大。受到成年人的表扬，他们会喜形于色。一旦受到批评，或者做不到某些事，他们就会垂头丧气。

这个年龄段的孩子尽管还不知道如何表达自己的感受，但是他们的行为表现能表明他们的自我接纳水平。他们可能不愿意尝试新的事物，也可能回避问题。做事情遇到困难时，他们可能会哭鼻子，或者轻易放弃。对于自己完成的作品，他们没有任何的自豪感，完全是无所谓的态度。所有的孩子偶尔都会有这样的情况。这种情况只有长期持续存在时，才需要家长把它当作问题来对待。

常规办法

当孩子处于"快看我"阶段时，如果孩子做成了一些事情，我们要表现出喜悦。这样有助于维护孩子的好奇心，能够鼓励孩子尝试新的事物。虽然我们不一定赞同孩子认为自己"最大、最快、最好"的说法，但是我们完全可以表扬孩子付出的努力、他们的办法、他们的喜悦和他们的进步。我们可以说："你坚持把颜色涂满了！""你真的很喜欢跳来跳去！""哇！你做得越来越好了。"

在这个阶段，即使孩子有一些错误的行为，我们做家长的也要有温和的态度。婴儿每时每刻都会淘气。引导孩子做正确的事情，比批评和惩罚错误的行为更加有效。尽管这些小家伙儿还无法准确表达自己的感受，但是他们能从与成年人的互动中，意识到自己能做什么，不能做什么，哪些行为可爱，哪些行为不可爱。

起步阶段（5~7岁）

我把5~7岁这个阶段称为起步阶段。小学低年级的孩子都有较高的自我接纳水平。他们会把现在的自己与一两年前的自己做比较，然后，他们会发现自己的进步非常明显。在这个阶段，孩子掌握的技能迅速增加。和4岁的孩子相比，6岁的孩子会骑自行车，会识字写字，会做简单的算术题，会玩棋类游戏，会更精准地投球。对孩子来说，这些进步是非常有震撼力的。

这个阶段的孩子很重视公平。他们把自己和其他人做比较，更多是希望看看自己有没有受到公平的对待，而不是要评价自己做得怎么样。

起步阶段的孩子知道别人在评判他们。对于自己是否擅长某些事，他们也有了一定的判断。多数时候，他们对自己的能力还是过于乐观。这个年龄段的孩子，还不能明确地讨论自我接纳这件事。然而研究显示，即便是5岁的孩子，他们对自己的品质也都有了一些意识。把一些词语讲给5岁的孩子听，请他们说出哪些词语是形容自己的，哪些不是。他们会把自己描述成"有趣的、善良的、讨人喜爱的、很好的"孩子，而不会选择"坏、疯狂、小气、讨厌"这样的词语（Cvencek, Greenwald, and Meltzoff, 2016）。当他们看到自己在某些方面（比如阅读或游泳）明显落后于其他孩子的时候，他们的自我接纳水平就会下降。

这个年龄段的孩子会不断地扩大探索的范围，思维也趋于严密。他们会说，某些东西"是小孩儿玩的"，或者"那些都是给女孩儿的"。他们对外在世界会进行非此即彼的简单分类，从而让事物容易理解。他们对自己做什么以及不做什么，其他孩子该做什么不该做什么，都有强烈的意见。那些兴趣和大家不一样的孩子，可能会面临融入群体的挑战。

在这个阶段，友情是自我接纳的重要基石。在小学低年级阶段，孩子们非常在乎是否有朋友，但是对如何与朋友相处没有经验，因为他们还不太会判断别人的感受。前一分钟在一起玩得好好的，后一分钟就可能起了争执。他们可能会有一个最好的朋友，但是这种友情并不稳固。他们时常表现得霸道，又爱指责别人。然而，一旦遭到同伴的批评和排斥，他们的内心又很脆弱。这个年龄段的孩子会因为玩游戏怕输而作弊，或者因为怕输中途就停止玩耍，这些都是正常情况。为了避免批评和处罚，他们会选择撒谎。然而，这时候的谎言通常会被一眼看穿。

比起学龄前儿童，小学低年级的学生能够把自己过去的经历、现在的情况和未来的预期联系起来，形成对自我的一些认识。他们喜欢想象一些远大的目标，比如将来要当宇航员、兽医、摇滚明星等，或者同时担任所有这些角色，而且最好是和好朋友一起！

在这一阶段，自卑感已经造成了问题的信号有：孩子不能对自己擅长的事情进行描述，或者从来不提自己对未来的梦想。如果孩子总是说自己"笨""小气"或者"糟糕"，而且看起来伤心、易怒、缺乏活力，那么就可能需要通过外界的帮助，来克服自卑的问题。

常规办法

在起步阶段，为了防止孩子自卑，父母最需要做的就是帮助孩子掌握新的技能，对他们的进步表现出极大的热情。这个年龄段的孩子非常希望取悦父母。此外，父母应该给他们创造出许多和朋友一起玩耍的机会。在校外一对一结伴玩耍是建立友谊的好办法。孩子之间发生冲突时，我们可以帮孩子想出妥协的办法，或者通过询问"谁要零食"这样的问题，转移孩子的注意力，以便他们可以尽快度过有摩擦的时间段。

自我评判阶段（8～10岁）

很多孩子出现自我接纳的问题，都是在8～10岁这个自我评判阶段表现出来的。这个年龄段的孩子已经具备了思考能力，能够比较客观地将自己与他人比较。于是，他们发现自己并不是在每件事上都能做得最好。也就是说，与年龄更小的孩子相比，这个年龄段的孩子的看法容易偏向消极，从而认为自身缺乏能力。

这个年龄段的孩子有过度自责的倾向。他们虽然很清楚自身能力与目标之间的差距，但是还很难理解"学习需要过程，技能需要花时间去磨炼"。他们如果在某些事情上不能轻易做好，就会直接下结论说自己不擅长这些事情。

为了维护自尊心，自我评判阶段的孩子会表现出自我防卫的特点。比如，他们可能会说："我不擅长体育，反正我也不在乎，体育好的人都四肢发达、头脑简单！"被人看到努力学习一项新的技能，在他们看来是一件很丢人的事。

处于自我评判阶段的孩子，知道自身既有优点，也有缺点。只不过，如果他们总是感到自己的优点很少，缺点很多，那这就值得注意了。他们可能会采取一些不健康的手段维护自尊心。比如，有的孩子会通过贬低他人，让自己感觉好一点。有的孩子只选择和那些比自己能力弱的孩子玩耍。还有的孩子，一旦受到批评就会大发脾气。如果孩子经常表现出上面一种或几种不健康的应对方式，这表明孩子自我接纳水平低，或者他们已经产生了自卑心理。

常规办法

作为家长，我们在这个阶段帮助孩子接纳自我的最好办法，就是缓和孩子过度的自我评判。当孩子说"我怎么什么都做不好"的时候，我们可以告诉孩子："你正在努力尝试呢！"我们可以鼓励孩子继续尝试，告诉他们只要坚持，一定有办法做得更好。我们还可以帮助他们认识到自己的进步。当孩子犯错的时候，我们要给他们改正的机会。他们需要的是成长的出路，而不是感觉自己糟透了、完蛋了。因为这个阶段的孩子通常还是比较敬佩自己的父母的，所以这个时候，父母可以和孩子分享自己曾经拼搏的故事，来激励孩子，帮他们重拾信心。

"显得很好"阶段（11～13岁）

11～13岁正值初中阶段，我把这个阶段称作"显得很好"阶段。这个阶段的孩子经常会自我苛求，自我接纳水平明显比前一阶段要低。他们非常在乎别人如何看待他们，非常在乎自己在社会"鄙视链"当中所处的位置。低龄儿童可能会说："我数学不好！"可是，这个阶段的孩子可能会因为数学老师提醒他交作业，就觉得"我们数学老师讨厌我"。

青春期引起的生理变化，或者本该出现却还没出现的身体变化，这些因素都会令"显得很好"阶段的孩子过度关注自我。这个阶段的孩子非常在乎自己是不是"正常"。研究表明，他们的自我接纳主要建立在对自己外表的满意程度上。他们会在镜子面前花很长时间来仔细审视外表的每个细节。不仅女孩子心里藏着一长串所谓的身体缺陷，就连男孩子也越来越在乎自己的长相，比如一心想要拥有"六块腹肌"，却痛苦地发现自己与理想身材相距甚远。

在这个阶段，心理学家所说的"假想观众"开始出现（Elkind，1967）。这个阶段的孩子会全身心地关注自己的外表和行为，他们认为其他人也是这样。他们觉得别人时刻都在审视着他们的外表，评判着他们的一举一动，这让他们感觉自己像置身于舞台上一样。他们会尽量在穿着和行为上和同伴保持一致，尽量融入群体。他们会因为日常交往中的一点点失误而耿耿于怀。

对于成年人来说，总是考虑别人怎么想可能显得很傻、很夸张。然而研究表明，对于青少年来说，同伴的意见确实会给他们个人和人际交往带来非常现实的影响（Bell and Bromnick，2003）。尽管研究表明，这种"假想观众"带来的影响会在孩子8年级的时候达到顶点（Alberts，Elkind，and Ginsberg，2007），但是另外有研究发现，一直到30岁，"假想观众"

都会给人带来很重要的影响（Frankenberger，2000）。告诉青少年"不要在乎别人怎么想"是没用的，因为他们做不到。然而，这些青少年或许可以思考一下这种顾虑的根源。你可以尝试问问自己的孩子："这些人的意见对你真的重要吗？你相信他们的判断吗？他们在你的生活中扮演的角色重要吗？"这些问题有助于引导孩子渐渐地理解，不同的人看待问题有不同的角度，不是所有的看法都是值得重视的。

在这个阶段，孩子的自我接纳水平严重地依赖于解读、思考、猜测甚至期待他人的反应。因此，孩子的自我接纳水平有可能会起伏很大。前一刻还觉得自己聪明帅气，后一刻就觉得自己又蠢又笨。在这个阶段，来自家人和朋友的支持，可以有效缓和他们心理上的起伏。

这个阶段的初中生，开始接触短信聊天、网络游戏以及社交媒体。这种活动在高中阶段更加频繁。随之而来的是新的风险，如隐私泄露和网络霸凌。然而，对于大多数孩子来说，在线活动是对他们面对面交友活动的扩展和支撑。对自己的朋友了如指掌，这让他们感觉很舒服。

一项针对13岁的孩子在社交媒体上的行为的研究发现，**84%**的孩子认为社交媒体有时候让他们对自己感觉满意，只有**19%**的孩子说，社交媒体有时让他们觉得自己很糟糕（Underwood and Faris，2015）。一方面，社交媒体给了孩子一个空间，让他们向世界展示自己积极的一面。另一方面，这也意味着，对自我过度关注的青少年会不同程度地曝光于公共场合，有无数种与他人进行比较的可能。这有时会形成一种别人的生活更加丰富多彩的印象。我们知道，频繁地使用社交媒体与情绪低落有关。然而，到底是情绪低落导致了频繁查看社交媒体，还是频繁查看社交媒体导致了情绪低落，或者是否因为害羞与孤独导致了情绪低落和频繁使用社交媒体，对此人们还并不清楚。

在这个阶段，家长需要重点关注的问题是：由于孩子缺少能支持自己的朋友或者过度关注自我，他们容易刻意与同伴疏远。另外一个需要重点注意的是，在线交流可能阻碍了孩子进行面对面的交流。相比于低龄阶段，此阶段孩子的独立意识在逐渐增强，同伴关系对他们更加重要。与此同时，孩子与父母之间关系的重要性并没有降低。家长对于孩子来说仍然非常重要。

常规办法

在促进这个阶段的孩子建立自信方面，家长扮演着特别重要的角色。家长不仅可以帮助孩子找到真心喜爱的活动项目和可以参与的群体，而且对于那些流行文化中浅薄的价值观以及不切实际的评判标准，家长能够充当重要的平衡角色。要提醒孩子，把自己内心的感受与他人公开的外在表现相比较，是毫无意义的。尽管孩子可能会反驳你的说法，但是他们可以从你持续的陪伴和关爱的眼神中得到安慰。

"努力做自己"阶段（14～16岁）

14～16岁的孩子处于"努力做自己"阶段，也是孩子很难准确评价自我的一个时期。这个年龄段的青少年，会花费大量的时间，要弄清楚"真正的"自己。他们不想变得虚伪，因此，当他们在不同场合对不同的人做出不同的表现时，他们的内心会非常纠结。自己究竟是宽厚还是刻薄？外向还是害羞？努力还是懒散？他们纠结于评价自身。他们认为自己思想成熟而独特。他们总是觉得别人无法理解他们，尤其是自己的父母。

在这一阶段，男孩和女孩的抑郁比例有着显著的不同。大概从13岁开始，女生抑郁的比例相比男生明显增高。到了青春期后期，女生抑郁的比例是男生的两倍（Nolen-Hoeksema，2001）。这个年龄段的青少年会表现出情绪化，并且不愿意和父母在一起。然而，如果他们以同样的方式和同伴交往，就应当引起关注。对于青少年抑郁，家长需要重点关注的是：孩子是否经常感到悲伤或愤怒，觉得自己一无是处，产生过度的或者不当的愧疚感，或者是否经常感到疲倦，明显缺乏活力，对曾经喜爱的活动丧失兴趣，没法集中注意力。同时，家长要关注孩子的睡眠、体重和胃口方面是否有所变化。在这个阶段，有的青少年为了融入群体，或者为了缓解低落情绪，会酗酒以及发生性行为。

常规办法

要给孩子提供空间，让孩子有机会体验不同的角色。然而，家长仍然要有合理的限制，从而保证孩子的安全。如果家长需要管教孩子，记得态度要和蔼，并且给孩子提供一些做出改变的方法。避免把孩子一个多月前做过的所有事一股脑地都说出来。因为这个时期的孩子正在努力构建一种全新的自我意识，他们不希望过去的错误或者幼稚的言行成为他们成长的负担。家长还要注意避免对孩子的未来做出负面预测。不要暗示孩子，也不要对孩子说："振作起来，否则你这辈子一事无成！"这种说法对孩子太过残忍，没有任何好处。一定要坚信孩子能够找到适合自己的发展道路。家长要做孩子成长的坚强后盾。当孩子在成长道路上遇到困难的时候，家长要为孩子提供安慰和帮助。

刚刚成年和成年以后的自我接纳

17岁左右是孩子实现自我接纳的转折点。前一阶段让人百般纠结的为心矛盾，在这一阶段变得能够被掌握和妥善处理。因为这个阶段的孩子已经懂得用更复杂、更全面的方式来看待自己。他们能够理解并接受自己在不同情形下的不同表现，比如有时候外向，有时候害羞。他们对自我的认知不再像之前那样完全取决于他人的看法。因为他们对自身及其需求，都形成了更清晰的认识。

过了十几岁，尤其是在25～29岁，以及五六十岁时，人们的自我接纳水平会显著上升并且保持下去，直到70岁以后，才开始下降（Robins et al.，2002）。可惜的是，我们无法对一个正饱受自卑感困扰的孩子说："别担心，再过50多年，你对自己的感觉会非常好！"

一般趋势和你家孩子的具体情况

同龄孩子的成长过程总体上存在着一般趋势，同时也存在个体差异。长期的研究结果告诉我们，那些比同龄孩子自卑的孩子，长大以后仍然带有自卑倾向（Tevendale and DuBois，2006）。孩子一旦在心目中形成了他人如何看待自己的既定看法，这个看法将会影响他们的行为以及他们对他人回应的解读。他们通常会采用与自己的既定看法相一致的方式来解读对方，并决定自己的行为（Wallace and Tice，2012）。如果他们预感自己会被人拒绝，那么他们就会留意所有被人拒绝的信号，因此也就不再浪费精力去展现自己友好的一面了。如果他们预感自己会失败，那么他们就会放弃尝试。他们的自我批评最终变成自我实现的预言。

总　　结

　　一般来说，孩子在小时候的自我接纳水平通常会高到不切实际的程度，然后其自我接纳水平从学龄时期开始逐渐降低，到了 8 岁至青少年早期和中期会有明显的下降。孩子的自我接纳水平不断下降，同时以自我为中心的意识逐渐增强，我认为这不是一种偶然现象。随着年龄的增长，孩子对自己的看法更加复杂和成熟。他们花费了很多时间来思考和评价自己，对自己也变得越来越苛刻。成年人通常不会这样。成年人的角色和责任越来越多，这让他们更加关注外在事物，比如家庭、同事、客户、社区、社会事业以及其他内容。

　　既然孩子的自我接纳水平会逐渐降低，这是否意味着你需要提升孩子的自我接纳水平呢？答案是否定的。试图改善孩子的自我感觉的做法是错误的。因为这样做会禁锢孩子，让他们不断地将自己与他人进行比较，然后进行自我评判。在后面的章节里，我们会讲述如何通过加强"联结、能力和选择"这三个方面，来缓解孩子过度关注自我的倾向。

　　接下来的 3 章主要讲述孩子生命中最重要的几个关系。孩子从父母、兄弟姐妹和朋友那里获得的亲密关系和支持，让他们感到自己被理解、受重视，从而让孩子避免过度沉湎于自我关注而无法自拔。这些关系是孩子真正实现自我接纳的重要基础。

实用要点

✚ 通过了解不同年龄段孩子的特点，家长可以清晰地把握孩子自我接纳水平的正常起伏。

♣ 从学龄前到16岁，孩子对自我的评价摇摆不定。过了16岁之后，孩子对自我的评价较为稳固。

♣ 在一些特定的成长阶段（比如青春期），孩子会高度关注自我，这会引起孩子自我接纳水平的下降。

Kid Confidence

第二部分

联　结

第 3 章

Kid Confidence

你为什么总是对我大吼大叫

"真想不到你能干出这种事儿！"一上车，大卫的妈妈就开始批评大卫，一边说还一边"嘭"的一声关上了车门。"我以前没告诉过你吗？我提醒你时间到了，该从朋友家走了，你就该马上离开，别再拖拖拉拉的！"

"可是，你和马尔科的妈妈不是一直在聊天吗？"大卫不服气地辩解着，"又不是我拖拖拉拉。再说，是马尔科先吓唬我的，他要往我身上抹鼻涕，我才假装要抹回他身上，我们当时正在闹着玩呢。"

"可是，马尔科没有犯错啊，不是你把墙上的画碰掉，还把玻璃摔碎的吗？"

"我说过对不起了！"大卫继续辩解着。

"你就嘟囔了一句对不起，眼睛都不看马尔科的妈妈。是我不停地给人家道歉，帮你把东西清理干净的！再说，你说对不起有什么用，能把画修好吗？你这么胡闹，把人家东西摔坏了，你觉得他的妈妈还会请你去家里玩儿吗？"

"那我不知道。"大卫小声嘟囔着。

"本周不许你玩电子游戏！"

大卫哭了起来："你为什么总是吼我？你总觉得我是世界上最糟糕的孩子！"

"我没有吼你，是你让我太失望了！"大卫的妈妈不依不饶地说。

这是大卫和妈妈之间很不愉快的一次对话。大卫摔碎了墙上的画，做错了事。试想大卫和妈妈两个人当时的心理感受，可能他们都觉得很丢脸。

一开始，大卫的反应是逃避指责，他指出两个孩子的妈妈当时在聊天，而且是马尔科带头先搞恶作剧的。然后，大卫就开始表现出防卫心理（"我说过对不起了"），之后他表现得非常沮丧，最后他表现出了愤怒，并且责怪妈妈不喜欢他，他感到非常伤心。

可能是觉得自己的孩子在另外一个成年人面前的行为不得体，大卫的妈妈感到非常羞愧。当孩子做错事情，父母会觉得这是自己的责任。她可能觉得马尔科的妈妈会想："孩子这么胡闹，你这个妈妈是怎么当的？"但是，大卫的妈妈把这种羞愧心理转化成了对大卫的怒气。

作为父母，一方面，我们希望孩子感受到我们对其无条件的爱和接纳；另一方面，我们有责任管教孩子，让他们自己收拾个人的衣服袜子，督促他们完成作业，注意用纸巾而不是用袖子擦鼻涕，提醒他们不要用手指戳别人。设想我们总是对孩子感到满意是不现实的。更重要的是，我们提供给孩子的反馈意见，不管是正面意见还是负面意见，对于帮助孩子接受我们的价值观、理解行为的界限都至关重要。

把握好与孩子的联结和对孩子的管教之间的界限并不容易。在沟通的时候，大卫和妈妈的情绪都比较激动。自卑的孩子即使面对轻微的管教，也会陷入自责的旋涡，认为父母不爱自己了。

本章主要讲述：父母对孩子行为的反应会怎样影响孩子的自身感受。与此同时，我们还要探讨一下，如何利用父母和孩子之间的联结，帮助孩子走出过度自责的困境。

为什么有的孩子更容易自卑

面对有自卑心理的孩子，父母很容易感到焦虑和愧疚。父母总是琢磨：这种情况是我造成的吗？我是不是对孩子太严厉了？我对孩子的支持是不是不够？孩子的自卑是不是我发脾气导致的呢？说不上是好消息还是坏消息，答案是：事情没这么简单。

自卑心理通常来自天生的气质类型和负面的生活经历。虽然我们现在已经知道自卑心理与基因有关（Hart，Atkins，and Tursi，2006），但是并没有确定哪个基因会直接导致人们讨厌自己。我们也了解到遭受过虐待的孩子更容易感到羞耻和自卑（Harter，2015）。然而，绝大多数有自卑心理的孩子，他们的父母并没有虐待孩子的行为。

气质和经历这两个因素以多种方式共同导致了自卑心理。比如，像大卫这样天生好动又易冲动的孩子，很容易给大人惹来麻烦，或者招惹其他的孩子。孩子从与他人的交往中不断受到负面评价，这很可能会影响他对自己的看法。再比如，一个焦虑又极端敏感的孩子，可能对任何轻微的批评都耿耿于怀，最终产生了自卑心理。家境贫寒或者运动能力不如同学，都会让有的孩子产生自身能力低下的看法。久而久之，这种看法一旦固化下来，就形成了自卑心理。

透过别人的眼睛看自己

关于自卑，有一种早期理论是库利在1902年提出的"镜中我"理论。这一理论认为，我们通过与他人的互动，形成了对自我的认识。我们揣测他人对我们的理解、评价和感受，从而激发了我们对自己的思考和评价。

身为父母，我们是孩子眼中的第一面镜子。我们如何看待他们，对他们如何看待自己具有长期的影响。我们对孩子的某些方面给予反馈，孩子对这些反馈进行解读，然后不断强化他们对自身某些方面的认识，并最终形成他们对自己的总体感受。尽管随着孩子年龄的增长，老师和同伴的认同感所带来的影响日益增强，但是从幼儿时期到青少年时期，父母的影响始终不会减弱（Harter，1990）。

自我关注的情绪体验

随着年龄的增长，孩子会将自己心目中重要人物的标准，内化为评价自己的标准。这会激发他们内心自我关注的情绪体验，也就是自我评判所引发的内心感受。自我关注的情绪体验，包括羞耻感、愧疚感和自豪感。这三种情绪体验是导致自卑的基本因素。下面我们来看看这些因素是怎样产生和发展的。

幼儿看到父母对他们不满意，也会不高兴。当他们意识到自己做了错事、惹了麻烦，他们会低头，或者看别处，甚至会哭泣。虽然学龄前的儿童知道什么事情会让父母高兴或者生气，但是只有当他们的认知水平达到了一定程度以后，才能够理解自我关注的情绪体验背后复杂的判断过程。

在苏珊·哈特2015年的研究项目里，她给孩子们看一些照片。照片记载的是一个孩子从父母卧室的一个罐子里偷走了一些硬币的故事。其中，一个故事版本说，没有人发现硬币被偷了。在其他版本里，父母看到孩子偷拿了硬币。哈特询问不同年龄组的孩子，如果他们自己是照片上的孩子，身处不同的版本故事里，他们会怎么想，他们的父母可能会怎么想。4岁的孩子说，如果父母没发现，那么他们会担心被父母发现；如果父母看到自己偷拿硬币了，那么他们会担心会不会受惩罚。他们没有提到任何羞耻感。5岁的孩子说，偷拿硬币会让父母为他们感到羞耻，但是这些孩子自己并没有感到羞耻。6岁的孩子说，如果父母看到自己偷拿硬币，那么自己会感到羞耻，就像一个6岁小男孩说的那样："如果我干坏事只有自己知道，那我不一定会感到羞耻。但如果父母发现了，那我肯定有羞耻感。" 7岁的孩子说，即使没有被父母发现，他们也会为自己的偷窃行为感到羞耻。

把故事的内容替换成一次体操表演，孩子自豪感的形成过程与羞耻感的形成过程，非常类似。随着年龄的增长，孩子的情绪体验从"自己单纯地感到高兴"，变为"预料到父母会为他感到自豪"，再变为"如果父母在场，他们就会为孩子感到自豪"，最后变为"即使没人在场，父母也会为孩子感到自豪"。

孩子会留意并记住他人对自己做出的反应，尤其是父母的反应。久而久之，对这些反应的解读，会成为孩子看待自己的评价标准，也会影响孩子自身的感受。我们需要明白，仅仅在口头上给孩子好评，并不能确保孩子形成对他们自身的良好感受。

变形的社会之镜

我们从一个真实的镜子中观察自己的时候，会看到一个真实准确的自我形象，但是社会这面镜子比真实的镜子复杂得多。孩子并不会被动地接受他人所表达的内容，他们对某些人的意见更为重视。他们在理解他人的评价时，会受到自我认识的影响（Swann and Seyle，2006）。

自卑的孩子会通过消极的滤镜看待来自社会的反馈。他们会过滤掉他人的赞美，只关注那些批评和拒绝的信号——这些信号不出自己所料。比如，你可能会极力地说服女儿，让她相信自己聪明、有能力，或者擅长运动。可惜女儿并不信服，她会说："因为你是我的妈妈（爸爸），所以你才这么说。"

另外，自卑的孩子倾向于把很普通、很轻微的批评，理解为对他们的全盘否定，因此一下子陷进极度痛苦的羞耻感当中。当大卫对妈妈说"你总觉得我是世界上最糟糕的孩子"的时候，他内心的感受就是这样的。

区分羞耻感与愧疚感

当孩子感觉到或者估计自己做了一些让人觉得不好的事情，他们经常会产生羞耻感或者愧疚感。成年人和孩子都不喜欢这种心理感受，所以，他们会尽量地避免犯错。这些心理感受就像人体内部的警报器。当我们的行为和所谓好的、正确的、可接受的社会标准相背离的时候，它们会及时地给我们发出清晰的信号。

然而，羞耻感与愧疚感之间的差异很大。愧疚感来自"我干了坏事"这样的想法，而羞耻感源自"我是个坏人"这种概括性的自我评价。两者的差别看起来非常细微。然而研究表明，这两种心理感受涉及完全不同的内心体验及行为模式（Tangney and Tracy，2012）。

愧疚感是一种内心不愉快的感受，它源自个人的是非观念。有愧疚感的人会感到后悔，并产生改善目前状况的冲动。愧疚感促使人道歉，并采取补救措施。通常，有愧疚感的人具有共情的能力，有体谅他人的倾向，并善于换位思考。当他们生气的时候，他们也会尽量给出建设性的回应，而非采取攻击性的行为。

羞耻感与此不同。羞耻感是内心受尽煎熬的痛苦感受。当人们感到羞耻的时候，他们会感到无地自容，感到自己无能，甚至感到自己一无是处。他们甚至想逃跑，或者把自己隐藏起来，他们恨不得找个地缝儿钻进去。这种羞耻感给人们带来了极大的痛苦。它会改变我们内心的自我认知，让我们产生负面的自我评价，阻碍我们关爱他人。实际上，当人感到羞耻的时候，很可能会不假思索地对他人进行指责和攻击。愧疚感促使人修复关系，而羞耻感会导致人破坏甚至摧毁人际关系。羞耻感可能会带来很多问题，比如焦虑、抑郁、饮食失调以及自卑心理（Mills，2005）。

然而，我们不能就此断定，愧疚感一定是好的，而羞耻感一定是坏的。虽然从概念的划分和统计研究上，我们可以将两者截然分开，但是在现实生活中，这两种心理感受是相伴而生的，人们通常会认为"因为我做了坏事，所以我是个坏人"。愧疚感也可能会过度和失当，比如你可能见过，孩子因为一些无关紧要的小事，或者在自己没有出错的情况下，反复地向对方道歉："对不起！真对不起！太抱歉了！"

过度自我关注这种心理感受，也存在着文化差异。有一个研究项目，针对3～6年级的学生进行问卷调查，研究来自3个不同国家的孩子对某一特定场景的回应，从而研究他们由自我关注引起的心理感受问题。日本孩子更多体现出羞耻感，韩国孩子的愧疚感更加显著，而美国孩子更多体现出自豪感（Furukawa，Tangney，and Higashibara，2012）。尽管有上述这些不同，但3个国家中羞耻感较强的孩子都显得更加易怒，更容易指责他人，这说明儿童的自我关注带来的心理感受具有跨文化的一致性。

羞耻感和愧疚感对孩子的自我接纳有什么影响

所有的孩子偶尔都会产生羞耻感或者愧疚感。然而研究表明，羞耻感与自卑心理有关，而愧疚感和自卑倾向之间并没有关系（Tangney and Tracy，2012）。当孩子产生愧疚感的时候，他们可以意识到自己的错误，也愿意改正错误，而不至于进行自我攻击或者感到自己毫无价值。

为什么我们需要控制好羞耻感和愧疚感

在处理孩子的羞耻感和愧疚感问题之前，我们需要先解决自己身为父母的羞耻感和愧疚感问题。对孩子的错误行为给予平和的回应是非常重要的。然而，作为家长，我们对自己有所共情也同样重要。我们原谅自己，这也可以让孩子学会原谅自己。

我曾经为一个家庭做过心理咨询。这个家庭的女孩一旦感到不满，就会有过度冲动的反应。有一天，这个女孩在学校打了另一个孩子。事情相当严重，校长要求家长到学校来一趟。女孩的妈妈听到这个消息时吓坏了。尽管女孩打人的时候，妈妈并不在场，但是这个妈妈觉得自己要负责。虽然女孩给被打的孩子写了一封道歉信，但妈妈还是觉得有必要与被打的孩子的妈妈通个电话。她在心理上做好了面对敌意和指责的准备，决定给对方打个电话，一方面询问被打的孩子的情况，另一方面也为女儿的行为表示道歉。对方妈妈让她不要担心，说孩子的情况并无大碍，然后说了一句："父母遇到这样的事，也确实挺操心的。"这样的一句话，在不经意间传达出同情和关怀，让打电话致歉的孩子妈妈的羞耻感和愧疚感得到了缓解。

我讲这件事，是想告诉家长，我们不仅需要对孩子共情，也需要对我们自己共情。没有任何家长是完美的。面对孩子，我们都会有不耐烦、失望和发怒的时候。当然，我不是建议你们对这些有害的做法放任自流。我只是想提醒家长，过度自责或者过度批评孩子，都于事无补。

当孩子做错事情的时候，我们应尽量采取平和的态度进行回应，尽量帮助孩子吸取教训、继续前行。当家长对孩子说了或者做了令自己后悔的言行时，也要着眼于将来，关注将来如何能够做得更好。家长可以真诚地道歉，为孩子做出表率，或者想一想下一次遇到类似的情况应该如何应对。关爱意味着不断地尝试。

提高自我接纳水平的方法

对于那些自卑的孩子，我们应该如何做才能既让他们理解我们的价值观念，又让他们避免过度自责呢？我们先要明确，你不需要做像神一般有耐心的完美父母。当然，事先准备一套方案还是有用的。这样，当面对孩子好的或者不好的行为时，你可以明白怎样回应更有助于培养孩子的自我接纳意识。下面是一些可以借鉴的办法。

对不良行为的回应

父母最重要的一项任务，是要教孩子学会处理人际关系。这就要求我们既要给孩子关爱，也要为他们设定界限。孩子需要来自父母的关爱，因为关爱是孩子建立人际关系和实现自我接纳的基础。孩子同样需要界限，因为界限有助于他们放下自我关注，开始关注他人。孩子需要理解自己的行为对他人的影响。更现实的是，他们需要明白，他们的哪些行为会被容忍，而哪些行为不会被接受。总之，如果你的孩子总是犯浑，别人是不会一直容忍他们的。作为孩子安全的守护者，家长可以避免孩子在不好的方向上走得太远，从而给予孩子安全感。

当我们对孩子发火的时候，当我们认为孩子故意不尊重我们的时候，当孩子的行为让我们觉得很丢脸的时候，我们都很容易大发脾气。当孩子让我们感受到痛苦，我们很自然的反应就是反击他们，让他们难受。然而，这样对孩子并没有帮助。

我管教孩子的两条指导原则是：

1. 让孩子承认自己的坏行为对孩子没有帮助。
2. 孩子不能从痛苦中学习，而只能从正确的行为中学习。

下面，我们看看采用上述原则处理孩子不良行为的具体做法。

冷静下来，建立联结

在本章开头的故事中，大卫的妈妈当时应该跟大卫说："我现在很伤心，不想谈论这件事。"

正在气头上的时候，你可以选择暂时不要回应。其实，这个时候最好的选择就是不要回应。如果你当时正在气头上，最好先让自己和孩子都有时间和空间冷静下来。

你如何判断自己已经冷静下来了呢？当你已经可以从孩子的角度考虑问题的时候，这就说明你冷静下来了。

没有哪个孩子是坏到骨子里的。孩子当时也许激动过头了，也许是没过脑子，也许是不知道如何处理。也许孩子碰到问题的时候，恰好是又累又饿了。当然，这些原因都不能成为他们做出不良行为的正当理由。如果你从孩子的角度看待问题，那么就能更好地帮助孩子不断进步。

如果大卫的妈妈冷静下来，一定可以通过认可孩子的观点，与孩子建立联结。比如，她或许可以说："在马尔科家里搞成那个样子，你一定感觉很糟糕。我知道你不是故意把画打碎的。"

当孩子犯错时，我们应该主动对孩子表达善意。我们这样做并不是认可孩子的行为，而是在孩子感到愧疚的同时，帮助他不钻牛角尖，不过度自责，懂得灵活处理事情。

温和的批评

接受批评是不容易的。接受批评对成年人不容易，对孩子来说更加困难。面对批评，人们本能的反应是进行防卫，或者通过指责他人来转移目标。在本章开头的故事中，大卫就是这么做的。

对于批评，一个常见的建议是批评孩子的行为，而不是批评孩子本身。批评孩子"你这件事情做得不好"会让他产生愧疚感，批评孩子"你是个坏孩子"会让他产生羞耻感，相比之下，前一种批评显然更好。然而，在心理治疗的过程中，我和许多孩子谈过话，我可以告诉你，绝大多数孩子根本分辨不出这两句话有什么区别。我们成年人很容易理解，"我这件事做得不对，但我总体上还是个好人"。可是，孩子的理解是非黑即白的。当孩子做了坏事，他们就觉得自己是个彻底的坏人。

另一条常见的建议是：批评和表扬要穿插在一起。其实这样也不可行。请回想一下你最近一次的绩效考评。你的老板可能表扬了你12个方面，批评了1个方面，恰恰是这一点批评，会让你耿耿于怀。通常情况下，负面信息比正面信息更容易受到人们的关注。

那我们应该怎么做呢？如何批评孩子，他们才能听进去呢？我们可以尝试温和的批评方式。这种方式主要包括三个步骤。

1. 主动找借口

不管孩子做了什么，先给孩子找个合理的借口。这可以让他放下防卫心理。如果你可以给孩子找个借口，他就不用自己找借口了。这样的借口包括：

"我知道你不是故意……"

"你可能没意识到……"

"我猜你也感到后悔……"

"我猜你当时本来想要……"

给出这些借口，是让你跟孩子表达："我知道你是个好人，尽管你犯了错，但你的初衷是好的。"另外，你为了找到借口，会不得不从孩子的角度思考当时的情形，这能让你有更多的共情心理，同时也能缓解自己愤怒的情绪。

2. 描述问题

这部分是我们最想跟孩子说的话。然而，我们需要柔化处理，要告诉孩子："不良行为会造成不良后果"。在不良行为的部分，我们可以简要地说出孩子的不良行为（"你打了弟弟……""不经允许就拿她的毛衣……""把牛奶弄洒了……"）。

注意批评要针对具体的、外在的行为，而不要针对孩子的个性特点。在不良后果的部分，我们可以简要表述孩子的不良行为给他人造成了什么影响，或者导致了哪些问题。这里的表达可以生动一些，这样孩子能够理解他人的感受。对于不良后果的部分，我们可以这样说："他感觉很伤心，因为……""我感到失望，因为……"

3. 面向下一步行动

当孩子做错事以后，帮孩子找到下一步需要怎么做至关重要。虽然孩子已经做出的事情没办法撤销，但是我们不能让孩子始终沉浸于这种糟糕的感受之中。我们可以采取的做法包括道歉、修复或者其他积极补救的计划。

说教毫无用处，因为孩子在这个时候完全听不进去。提出一些有启发性的问题或许有助于孩子制订下一步的行动计划。比如，你可以问问孩子："你能做些什么让他感觉好一点吗？"这是一个非常好的问题。因为这促使孩子采取关爱的行动，而且也暗示了，尽管孩子做过错事，但他们仍然是关爱他人的，并且有能力做些有益的事情。不仅如此，孩子主动采取的友善行为比家长强迫他们做出的举动要更有意义。

其他有助于孩子规划下一步行动的问题包括："你能想办法解决这个问题吗？""我们怎样做可以防止发生这种情况？""你有什么好办法能更简便地应对这种情况吗？""下次遇到这种情况，你觉得应该怎么做呢？"

如果孩子想不出下一步应该做什么，那么你可以问一些更具体的问题（比如"你怎么才能让他知道你感到很抱歉"），或者问一个选择性的问题（比如"你愿意给他打个电话，还是发个消息"）。

有时候你也可以直截了当一点，问孩子："从现在起，你能不能……"如果孩子能够想出自己的解决办法，他们会更用心地让自己的解决办法奏效。

根据如下步骤，大卫的妈妈可以这样对大卫进行温和的批评。

第1步　主动找借口："我知道你当时正在和马尔科玩耍，你也不想打碎东西。"

第2步　描述问题："当你把墙上的画碰掉的时候，马尔科的妈妈很难过。我猜那幅画对她很重要，因为那幅画正好挂在前厅。"

第3步　面向下一步行动："你能做点什么让她心里好受一点吗？"

重在预防

在孩子做错事情之后，我们应该将重点放在如何预防而不是纠正孩子的错误行为上，这样的方式更加温和，也更加有效。在这方面，我们一直做得不够好。然而，我们可以和孩子一起来提前准备如何应对类似的情形，这样我们就能够帮助他们更好地面对外部世界，同时避免产生羞耻感。当孩子遭遇了难以应对的局面，你可以先问问孩子："在这种情况下，你可以做些什么呢？"然后，让孩子告诉你答案。这样，在处理这种情况时，孩子在心理上会提前有所准备。

当孩子经常遇到类似的困难局面时，你可以抽空和孩子聊一聊"如果下次遇到类似的情况，他如何应对会更好"。你可以把问题的多个侧面呈现出来（"一方面……另一方面……"），征求一下孩子的意见，听听孩子准备如何解决。如果孩子说出一些不合理的想法（比如"让弟弟从家里搬走"），请注意不要失控。你可以平静地说："嗯，这也是一个办法，可是它不能解决……方面的问题。除此之外，我们还可以怎样做呢？"

避免严重后果

如何应对不良行为带来的后果呢？大部分的父母都听过"管教"这个词，以为这意味着要让孩子承受不良行为的负面后果。实际上，管教意味着"教育"。

有的孩子很容易管教。他们乐于听从指导，尊重规则。如果他们的行为出现偏差，你可能只需要一个眼神，他们就会乖乖地收敛。相比之下，有些孩子就比较难管教。他们更爱吵闹，更好动，更情绪化，他们会不断挑战边界。这样的孩子经常需要父母的介入，让他们暂停一下，冷静下来。孩子在情绪激动的时候，很难学习甚至很难思考。其实，引导他们离开产生冲动的场景，更容易让他们冷静下来，从而避免做出后悔的举动。

善于离开情绪激动的场景是一项有用的生活技巧。你可以帮助孩子了解，在遇到需要冷静下来的情形时，他们可以怎样做。理性的行为通常会有所帮助。例如，让孩子玩一会儿万花筒，听听音乐，闻闻未点燃的香薰蜡烛，拍打拍打毯子或者毛绒玩具等。你可以和孩子一起准备一盒子能让他平静下来的东西。这样，在需要的时候，孩子可以随手拿来用。

让孩子承受自己的行为所导致的直接后果，这样的做法有时候是有用的。这包括因为磨蹭而迟到，因为打碎了物品或者不当使用物品，所以他暂时不能使用这件物品。然而，不要忘了，有一点非常重要：不良后果无法促使孩子学会正确的行为方式。只有告诉孩子"来，让我们再尝试一次"，才能启动孩子学习的过程。我们有必要提前做些准备，让孩子再次尝试的时候能比上次做得更好。关键在于，给孩子再次尝试的机会，这是对孩子学习能力的信任。

要避免长时间的或者严厉的处罚。因为这样做，只能引发反感，延迟孩子的学习过程。我强烈反对将孩子真心喜欢的东西作为代价用以惩罚，例如取消孩子的生日庆祝或假期，不许孩子接触朋友，或者禁止孩子出去玩等。你一定不希望孩子一辈子都记着："那年，我是个糟糕透顶的孩子，父母甚至因此取消了万圣节的活动。"给孩子严厉的处罚，只是发泄了我们的愤怒情绪，并不能帮助孩子下一次做得更好，甚至还会引发孩子的反感和羞耻感。

当孩子犯错时，你应该重点帮助他找到弥补的办法，比如让他帮父母或者兄弟姐妹做些友善的事。让孩子干点儿体力活，也是让孩子弥补错误的好办法。你一定能找到孩子力所能及的事情，比如倒垃圾、叠衣服、剪草坪等。你还可以提供两个弥补选项让孩子选择。当孩子努力做了一些有益他人的事之后，你可以说："这样就很好，太谢谢你了！"这会让孩子重新回到"好孩子"的认知轨道上来。

原谅孩子的过错

父母能表现出的最大宽容，就是原谅孩子的过错。孩子正处于快速成长的变化过程中，他们上个月做的事和今天的他们已经完全无关了。所以，旧事重提毫无意义。

对良好行为要给予鼓励

上文谈的都是我们应该如何回应孩子的不良行为，从而帮助孩子减轻羞耻感。其实，正确回应孩子的良好行为，对于孩子实现自我接纳来说，同样是非常重要的。

当孩子确知自己做了好事，他们会体验到真正的自豪感，并建立自我认同。在开始的时候，当父母或者孩子身边其他一些重要的人，对孩子的某些行为给予积极正面的回应时，孩子就会产生自豪感。孩子逐渐会把这样的标准内化到自己的个性中。之后，当他们完成某些事情，即使没有外人给予表扬，他们内心当中也会产生自豪感。

羞耻感对应的是傲慢，而愧疚感对应的是自豪。傲慢和羞耻感一样，都是对自我的整体评价，而缺乏对他人的关怀。真正的自豪感是针对某些具体的事情形成的感受。它可以进一步激发孩子采取积极的社会化行动。感到自豪的孩子愿意付出更多的努力，得到别人的认可。这里的别人，通常是孩子心中那些重要的人。

自我接纳水平低的孩子很难形成真正的自豪感。他们只要犯一点儿小错，就会全盘否定自己。你一定听到过孩子列举了一系列自己没有做好的地方，而无法认同自己取得的成功（见第 7 章）。

有的孩子把傲慢的态度当作一种对抗羞耻感的防卫手段。他们经常说大话，希望在口头上把同伴比下去。这种外在的炫耀非常脆弱。当他们表现不佳，或者被别人超过的时候，他们脆弱的自尊会立即崩溃，转而恼羞成怒。

让我们来看看，当孩子表现良好的时候，家长应该如何回应，才能帮助孩子更轻松地形成真正的自豪感。

知足

我的患者里面，最伤心的就是那些认为"我做什么都无法让父母满意"的人。我觉得他们至今都没有超越试图取悦父母来让父母感到骄傲的阶段。

父母要让自己的孩子知道，自己是知足的，对孩子是满意的。一般来说，孩子的不良行为是显而易见的，然而家长只有格外用心，才能注意到孩子的良好行为。

父母对孩子不切实际的期望，会降低父母对孩子的满意度。我们很容易纠结于大多数孩子在做什么，或者应该能做什么，或者孩子的兄弟姐妹、亲戚朋友在做什么。实际上，这些都无关紧要，因为每个孩子都是独一无二的。期望的设定需要考虑孩子在当前的发展阶段，他平常有哪些行为，或者在哪些方面表现出了不寻常。

我们期待孩子"应该"每天晚上主动独立完成作业。有的孩子可以轻松地做到这一点。有的孩子就需要额外的帮助，才会开始写作业，或者不被其他事情分心。知足指的是要能够发现并认可孩子当下的努力，以及孩子取得的进步。

避免夸大其词的表扬

我们以为，给予孩子高度的赞扬，应该会让孩子自我感觉良好。然而，这种方法对自卑的孩子只能适得其反。在 2016 年，埃迪·布鲁梅尔曼和他的同事指出，父母夸大其词地表扬自卑的孩子以及自信的孩子，这个行为对前者产生的影响是对后者影响的两倍。比如，他们夸奖孩子"你做得太棒了"，而不是"你做得还不错"，这类表扬会让自卑的孩子过度地关注自我，担心以后无法保持同样的良好表现。在 2014 年，布鲁梅尔曼和他的同事请一些孩子来画画，然后，他们会给孩子 3 种不同的反馈，比如"你画得太美了，美得难以置信"，或者"你的画很美"，或者根本就不给予表扬。听到夸大其词的表扬之后，自卑的孩子会选择一些简单的画，而极度自信的孩子会被这些溢美之词鼓舞，从而选择复杂的画。反之，不太夸张的表扬却能够鼓舞那些自卑的孩子去尝试更为复杂的画。这表明自卑的孩子更容易接受低调的表扬，这样的方式会让他们受到鼓舞，同时又不会感到压力。

让孩子懂得为何以及如何接受表扬

自卑的孩子会否定自己得到的表扬，比如他们会说"我做得不好"，或者"这完全是运气"，或者"杰里米做得比我好"。虽然他们觉得自己是谦逊的，但是这种做法恰恰否定了赞扬者的判断。发生这样的情况，家长需要给孩子做些解释，和他们一起练习如何优雅地接受他人的表扬，学会微笑着谢谢对方。当孩子学会接受真心的赞美，他们就有机会体验真正的自豪感。

给孩子讲励志的故事

我们影响孩子的一个好办法，就是通过讲故事来帮助他们重塑自我（McLean，Pasupathi，and Pals，2007）。和孩子讲述他们自己曾经通过刻苦努力取得成功的故事，可以让孩子感到充满希望，帮助孩子透过眼前的困难看到未来。

不用等到孩子灰心丧气的时候才讲这样的故事。平常遇到适当话题的时候，你可以随时讲。这可以帮助孩子体会到真正的自豪感。比如，你可以不经意地提起："我记得你第一次学游泳的时候，都不敢把脸放进水里！可是你一直努力尝试不放弃，现在游得像条鱼一样！"

使用"成长型语言"

在2001年的研究报告里，埃伦·瓦赫特尔提到了一种形式的赞扬。这种形式的赞扬，可以帮助自卑的孩子改变他们对自己的看法，体验到真正的自豪感。她把这种形式的赞扬称为"成长型语言"。这种成长型语言会关注孩子正在做的事情，并把观察到的内容与孩子的成长进步结合起来，比如："这个课题真让人头疼，不过你一直在坚持。你现在面对困难越来越有毅力了。""你哥哥取笑你时，你没有做出回应。你现在越来越能保持冷静了。""你和班上新来的女生一起吃午饭，这样做很好。你现在变得越来越温和友善，让人觉得容易接近。"

成长型语言对任何孩子的作用都很强大，尤其是对自卑的孩子。因为这样的语言，让孩子看到自己的成长和进步，而不是让他们陷入自责。过去的失败和未来的错误，都显得不那么重要了，因为成长型语言让孩子意识到：希望就在眼前！

超越表扬与批评，走向亲密关系

在我们养育孩子的过程中，纠正不良行为和鼓励良好行为都是必要的日常任务。我们做得如何，会影响孩子的自我接纳水平，久而久之，会形成孩子对自身长期而稳定的看法。除表扬与批评之外，孩子的养育还包含很多其他内容。

对于养育子女，其中一个重要的内容，是要在我们和子女之间建立一种亲密的联结。我们能够深层次地接纳孩子，这是孩子真正实现自我接纳的关键基础，也能够帮助孩子避免产生愧疚感和羞耻感。当孩子有愧疚感和羞耻感的时候，我们对他们本来的样子表现出爱和接纳，他们才会更容易走出过度的自我关注。下面，我们列举几个方法，帮助父母与孩子建立亲密的联结关系。

爱抚的力量

与孩子建立联结的重要方式之一是进行爱抚。触摸具有重要的安抚作用。爱抚可以传达爱意，甚至让孩子的积极情绪的持续时间更长（Bai，Repetti，and Sperling，2016）。有的孩子很乐于进行拥抱。有的孩子喜欢依偎在父母的怀里，或者睡觉时让父母轻抚后背。有些孩子只愿意被摸摸头或被抓抓肩膀。即使是这些简单的动作，也可以向孩子表达："对我来说，你太宝贵了！"

理解孩子认为重要的事

你可以认识一下孩子的朋友，让孩子把他们感兴趣的话题和活动教给你，和孩子一起玩一玩对话类的游戏，比如即兴演讲，包括一些有启发性、引人思考的问题。通常，孩子是多变的。你的女儿可能去年还喜欢洋娃娃，今年她的兴趣就已经变了。也许，你的儿子上个月还不愿意玩滑板，而现在滑板成了他的最爱。你可以带着开放的心态和好奇心，努力理解孩子不断变化的兴趣爱好，这样会帮你和孩子产成亲近感。

回顾心理感受

另一个与孩子建立联结的简单办法，是与孩子一起回顾他们的感受，就是描述你所体察到的他们的感受。家长认同孩子的感受,这可以减轻孩子的负面情绪,同时可以强化孩子的积极情绪。回顾心理感受,这个办法对孩子来说非常重要,对于自卑的孩子尤其重要。因为这是在告诉孩子:"你的感受很重要,你对我很重要!"对于孩子来说,这个信息微妙而有力量,对他们的无价值感是一种有力的反驳。

大多数家长不习惯和孩子一起回顾心理感受。你可以用下面这些话来开始这个话题:

"你感到……因为……"

"当……的时候,你真的很难受。"

"当……的时候,你感到很迷茫。"

"你本来希望……"

这些表达的关键用语是"你感到",而不是"我理解"。如果你没有猜准孩子的心理感受,这也没有关系,因为孩子会纠正你。不管怎样,你和你的孩子做了一件很重要的事,就是把当时的心理感受用适当的语言表达出来,从而达到沟通的目的。

通常,我们乐于与孩子沟通其正面感受(例如"这次实地考察让你很兴奋""你很喜欢巧克力饼干"),而在沟通其负面感受时常困难重重。

当孩子有了负面的心理感受时,我们的直觉反应是要想办法解决问题,或者通过交谈让孩子走出低沉的情绪,比如:"别失望!""别担心,没事的!""别抱怨了,没什么大不了的!"为了让孩子(其实也是让我们自己)不再感到难过,我们想立刻解决问题,或者想让负面情绪尽快过去。很可惜,这样做只会让孩子的抱怨更多、更强烈。

试想一下,你的孩子说:"我真是个废物!我什么都做不好!好事从来都轮不到我!"当然,你不会同意这些说法。可是,如果你马上反驳,就会让孩子更坚持他自己的说法。你一片好心给孩子讲道理,却让孩子觉得，你根本就没有听他说话。

为了避免这种双输的争辩，我们需要透过抱怨，看到抱怨背后孩子的感受，并试着将它们与特定的情景或特定的时间联系起来。比如，你可以对孩子说："这个课题中有一部分你觉得很难理解，所以你感到沮丧。""你现在感到很泄气，因为这盘棋你下得没有预想的好。"

虽然孩子不会对你说"对呀，你看得真准"，但是你可以看到孩子会勉强地承认你的说法，或者孩子的表情和身体动作放松了一些。你可能需要与孩子一起回顾好几次心理感受，孩子才会做出这种反应。除非你看到孩子的情绪缓和一些了，否则不要急于着手解决问题。即使你没能解决问题，你也让孩子知道你了解他的感受，这会让孩子松口气。因为这意味着你会承担问题所带给孩子的一部分压力。

别忘了享受孩子的陪伴

大家每个人都很忙。在日复一日的忙碌中，我们集中精力完成各项任务，而忘记了和孩子一起享受美好的时光。

享受孩子的陪伴，不一定要精心安排一次迪士尼乐园之旅。放学和下班后，乃至你把孩子抱到床上的这段时光都是非常珍贵的，这可以帮助父母和孩子建立亲密的联结关系（Campos et al., 2009）。一起做游戏，和孩子约好出去吃比萨饼，甚至一起做饭都是建立联结的简单易行的办法。

虽然我没有这方面的统计数据，但是从我的临床经验上看，和孩子一起开怀大笑，对自卑的孩子帮助非常大。这种做法能把他们从自我关注中拉出来，一起感受当下的时光。

跟孩子开玩笑一定要小心。如果自卑的孩子感觉受到嘲笑，他们会变得过度敏感。你可以自嘲一下，也可以跟孩子一起做做搞笑的事，例如尝试一下这个搞笑的游戏：每个参加游戏的人嘴里含满满一口水，然后，彼此不用接触对方，看看能否把对方逗笑。这个游戏最好在室外进行！

安排一些游戏时间段

如果你希望通过更正式的方式与孩子建立联结，那么你可以采用亲子互动疗法中的游戏疗法，这对于亲子之间亲密关系的建立有良好的作用。研究发现，即使家长和孩子的关系不好，如果家长每天采用5分钟的游戏疗法，那么这可以提高与孩子的亲近感和他们的安全感（Urquiza and Timmer，2012）。

你可以怎么做呢？邀请孩子和你一起玩一些非竞争类的游戏，比如用一些美术材料来搭建玩具，或者组装小玩偶。在这段特殊的时间段内，不要指导，不要批评，不要质疑。做到这些，非常难！我们这些成年人，已经太习惯于给孩子建议和提醒了。在某种程度上，这就是我们的工作。把这些指导活动暂且放在一边，对于建立亲密的亲子关系会有很好的效果。

在这段特殊的游戏时间内，家长不要给孩子做任何指导，而要充当欣赏孩子的观众，并做如下行为，即 PRIDE 行为。

- ♣ 赞扬（praise），对孩子正在做的事情，家长应给予正面的但不过度夸张的赞扬，比如："你在给这部分涂满颜色的时候特别认真！"
- ♣ 回应（reflect），家长回答或者复述孩子说的话，比如："哦，你喜欢绿色！"
- ♣ 模仿（imitate），如果孩子不反对，家长可以模仿孩子的做法，比如："你在涂色之前先把物品勾画出来。嗯，我也准备这样做！"

♣ 描述（describe），家长在描述孩子正在做的事情时，可以像一个体育比赛解说员一样，描述出孩子的每个动作，比如："刚刚你从左边开始做，现在你从右边开始做了。"

♣ 表达热情（express enthusiasm），比如："太好玩了！我喜欢看你做这个！"

每次的游戏时间不用太长，这样你可以有机会经常和孩子做这个游戏。它有可能会成为孩子最喜欢的游戏，你可以利用这段游戏时间享受孩子的陪伴。

总　　结

教孩子学会分辨对错是家长的职责。在通常情况下，自卑的孩子一旦被纠正，就会反应强烈。他们做错事之后会感到羞耻，并马上责备自己。当孩子犯错的时候，如果我们能够温和地给予回应，就能够让孩子感受到适当的愧疚感，而不被羞耻感所压垮。

除管教之外，我们可以与孩子分享关爱、理解和欢乐。这能够帮助孩子避免过度地关注自我。你能够给予孩子最好的赞扬是："跟你在一起的感觉真好！"这对培养孩子真正的自我接纳也很有帮助。

我们将在下一章中讲述兄弟姐妹之间的情谊，这些内容对孩子如何看待自己有着重要的影响。

实用要点

♣ 自我关注的情绪是从自我评价之中衍生出来的感受。这些情绪包含羞耻感、愧疚感和自豪感。

♣ 自卑源于天生的气质倾向和生活经历。

♣ 自卑的孩子会通过消极的滤镜看待来自社会的反馈。

♣ 羞耻感与自卑相关,而愧疚感与自卑不相关。

♣ 我们与孩子之间的情感联结是孩子实现自我接纳的基础。

第 4 章
Kid Confidence

你就是偏心

克洛伊和爸爸坐在餐桌旁玩游戏卡。"伊利诺伊州的首府是哪个城市？"爸爸问。

"嗯……是芝加哥吧？"克洛伊猜测道。

"真不敢相信你这都不知道！"内森嘲笑妹妹，"2年级时，我们就学了每个州的首府名称。你都4年级了，还不知道啊？"

"别给妹妹捣乱！"爸爸不满地说。

"是啊，那又怎么样？反正我加入篮球队了！不像你，第一轮就被淘汰了！"克洛伊还嘴道。

"那是因为你是女生。女队选拔太容易了。你就是个小屁孩！"内森马上还击道。

"笨蛋！"

"小屁孩！"

"你们两个都停下！"爸爸出面制止道。

"他先开始的！"克洛伊说道。

"内森，回你房间做作业去。克洛伊，回来和我一起玩剩下的游戏卡。"

"太不公平了！你总是偏向她！你就是偏心！"内森一边喊，一边气哼哼地走开了。

哎！每次碰到这样的情况，当父母的甚至会想，当初我们为什么要生孩子呢？

我们从孩子自我接纳的角度来看一看这次互动。一开始，内森找碴儿，想把妹妹比下去。然而，妹妹克洛伊也不好惹。也许是因为感到被羞辱了，她对哥哥的挑衅直击要害。她指出了一件让哥哥感到非常泄气甚至很丢脸的事，从而说明自己比哥哥强。最可怜的是夹在中间的爸爸，他想让这次斗嘴赶紧停下来。虽然他试图公平对待，让两个孩子赶紧都去做自己的事，但是内森觉得受到了排斥，指责爸爸偏心。

兄弟姐妹之间的关系紧密又复杂，他们并不是自主选择生活在一起的。他们拥有同样的基因、共同的家庭环境，表现却有巨大的差异。通常，兄弟姐妹具有不同的兴趣、不同的个性、不同的沟通风格等，然而他们之间的关系可能比其他任何一种关系都更加持久。

当兄弟姐妹之间的关系出现敌对、竞争和愤恨的时候，孩子的自我接纳度会受到影响，孩子会感觉自己无能。因为他们之间非常了解，他们之间的争辩可能迅速演变成人身攻击，这会击垮自卑的孩子。

如果兄弟姐妹之间的关系是愉快的、亲密的、相互支持的，他们就会建立起良好的联结基础（"尽管我见过你最不堪的一面，但我依然爱你"）。这样的关系会减少孩子对自己的批评，从而促进孩子的自我接纳。例如，克莱尔·斯托克在1994年对2年级的学生进行了访谈，她发现比起兄弟姐妹关系不好的学生，那些兄弟姐妹关系融洽的学生更少感到孤单，而且他们的自我接纳水平更高。融洽的兄弟姐妹关系，有助于孩子学会与同伴交往，对缺乏朋友的孩子来说，它是一种补偿。在家庭遭遇困境的时候，兄弟姐妹是获得安慰和安全感的重要来源（Milevsky，2016）。

本章主要研究兄弟姐妹之间的关系是如何影响孩子的自我接纳的。我们先简要地了解一下，家庭的结构特征（家庭成员的年龄、性别、出生顺序等）对兄弟姐妹之间的关系会有什么影响。然后，我们会讨论家庭成员之间是如何进行交往的，主要是兄弟姐妹之间的比较、嫉妒和冲突。作为父母，我们需要思考自己应该做些什么。

家庭结构和兄弟姐妹的亲密程度

研究指出，一个家庭中兄弟姐妹的年龄和性别，对兄弟姐妹的关系会有影响，并且对孩子的自我接纳水平也会产生直接或间接的影响（Milevsky，2016）。然而，家庭结构如何影响孩子的自我接纳水平，在不同家庭之间，这一点可能有所差异。比如，年龄接近的兄弟姐妹，因为有着共同的爱好，他们的关系可能会比较亲近，这对提升孩子的自我接纳度会有所帮助。但是，他们之间也容易产生更多的竞争和冲突，这又会损害自我接纳度。在子女众多的家庭中，孩子们可能因为归属于同一个家庭而亲近，但也有可能因为争夺有限的资源而造成更多的竞争和冲突。家长要想清楚，自家特有的家庭结构如何给兄弟姐妹之间的关系带来正面或者负面的影响，这一点非常关键。

手足情谊的性别差异

有证据表明，兄弟情谊与姐妹情谊相比，合作性更少而攻击性更多（Buhrmester, 1992）。全是男孩的家庭与全是女孩的家庭相比，家庭内部的冲突更多（Falconer, Wilson, and Falconer, 1990）。一般来说，异性兄弟姐妹之间，比同性兄弟姐妹之间的冲突更多，而亲密感更低。这种情况，在孩子十几岁时会有较大变化，因为他们会互相询问一些约会的技巧（Kim et al., 2006）。十几岁之后，孩子之间的争吵就开始变少，当然，他们也没有以前那样亲近了，这很可能是因为他们相处的时间变少了。

出生顺序和自我接纳水平的关系

出生顺序会影响孩子的自我接纳水平。虽然这一观念比较流行，但是通常也自相矛盾。比如，由于最大的孩子得到父母的关注更多，他们有可能到达更高的自我接纳水平。然而，也有可能因为无法达到父母过高的期望，或者随着弟弟妹妹的出生而失宠，形成了较低的自我接纳水平。年龄最小的子女，他们可能会有较高的自我接纳水平，因为父母不会要求过多而且会倍加呵护，但也有可能因为得到的关注不够，他们容易在各方面的表现不如年长的哥哥姐姐，从而形成了较低的自我接纳水平。夹在中间的孩子，既没有最大的孩子表现好，也没有最小的孩子那么可爱，他们的自我接纳水平可能较低。当然，他们息事宁人的性格也可能让他们成为最讨人喜爱的孩子。如果兄弟姐妹之间的年龄差距较大，那么最年幼的孩子可能和最年长的孩子感受相似，或者他们的感受更像独生子女。

上面这些说法，看起来合乎情理，也确实会发生在具体的家庭当中。因此，孩子的出生顺序和自我接纳水平的相关研究结论看起来自相矛盾。设计最严谨、规模最大的一个研究项目显示，出生顺序和个性特征并没有长期的关联性（Damian and Roberts, 2015）。

兄弟姐妹之间的互动与自我接纳水平

孩子出生之后，兄弟姐妹的出生顺序和年龄差便固定了下来。然而，父母还是可以影响他们之间的互动模式的。兄弟姐妹之间的比较、嫉妒和冲突，会影响孩子的自我接纳水平。下面，我们来看看有哪些技巧可以用来干预孩子之间的互动，既有助于兄弟姐妹之间保持融洽亲近的关系，又能帮助孩子提高他们的自我接纳水平。

兄弟姐妹之间的比较：谁更好

通过与他人比较，孩子可以了解"我是谁""我能做什么"。兄弟姐妹，是孩子最直接的参照物。2~4 岁的孩子甚至都已经学会在日常的对话中与兄弟姐妹做出比较（Dunn and Kendrick，1982）。孩子在心里与兄弟姐妹相比的结果是，产生孤独感、优越感或者无力感，而所有这些感受都会影响孩子的自我接纳水平。

年龄较小的孩子，通常会羡慕年龄较大的孩子，尤其是同性的哥哥或姐姐。他们通常模仿自己心里温和友善的哥哥姐姐，希望能像他们一样，甚至比他们还要更强大（Bandura，1962）。一些哥哥姐姐也喜欢被弟弟妹妹羡慕和模仿（Davies，2011）。然而，如果子女年龄比较接近，那哥哥姐姐就会觉得弟弟妹妹很讨厌，他们会抱怨说："他为什么总学我！"

同时，兄弟姐妹之间也存在着竞争。这种竞争从在激烈而有趣的足球比赛中努力打败对方，到因兄弟姐妹的成绩而强烈嫉妒甚至仇恨对方（Volling，Kennedy，and Jackey，2010）。在面对哥哥姐姐的成绩时，年龄较小的孩子会有一个现成的借口保住面子（他比我大，等我像他那样大，我会做得更好）。然而，哥哥姐姐一旦被弟弟妹妹超过，就会觉得受到威胁。

共同成长，各不相同

为了减少比较，稳定自我接纳水平，兄弟姐妹会有意无意地表现出不同。心理学家把这种情况称为反认同，或者叫个性分化。比如，如果哥哥是一个足球明星，那弟弟很可能会选择一个不同的兴趣爱好，以避免人们用已有的标准来衡量自己。

然而有时候，孩子对于兄弟姐妹的地盘定义得过于宽泛。不管他的兄弟姐妹对音乐的欣赏能力是否不同，或者一个打篮球，另一个踢足球或者吹喇叭，其中一个孩子（通常是年龄较小的那个孩子）的认识会受到过度的限制，仅仅因为哥哥姐姐先进了那些领域，他们就认为哥哥姐姐拥有了整个专业领域。比如，姐姐在学业上表现出色，那么弟弟妹妹就可能在学业上不再付出努力。

有些孩子更希望能够建立自己的身份认可。在1976年，弗朗西丝·沙克特和她的同事曾经做过一个研究，他们选取了一些来自三个孩子家庭的孩子，询问他们是否感觉自己与其他的兄弟姐妹有所不同。他们发现，在排行老大、老二的孩子中，有75%的孩子觉得彼此不同；在排行老二和老三的孩子中，有53%觉得彼此不同；在排行老大和老三的孩子中，只有45%认为彼此不同。排行老大和老二的孩子，如果他们性别相同，会有更大比例的孩子认为彼此不同。

有时候，父母强调甚至引导孩子朝不同于兄弟姐妹的方向发展。有一项研究涉及母亲对两个子女的判断，结果显示几乎所有的母亲都认为她们6~14岁的两个孩子是不同的，发展方向甚至是相反的（Schachter et al., 1978）。对于家庭角色的问题，我们在下文中会有更详细的介绍。

在相似与差异之间取得平衡

家庭心理学理论强调差异化水平达到最优，它指的是兄弟姐妹之间的差异程度应该最优化。孩子寻求相似性，这是因为他们需要归属感，同时他们需要与众不同，因为他们需要自我身份认同。

斯蒂芬·班克和迈克尔·卡恩在2003年通过历史数据、临床观察以及对1000多位兄弟姐妹的访谈，发现兄弟姐妹之间对彼此的看法是相互吻合的。有一种极端的关系模式，即手足之间的相似性掩盖了自我感知。他们觉得彼此太过相似，几乎就像同一个人一样。还有的手足之间存在着偶像崇拜，弟弟妹妹希望自己能变得像哥哥姐姐一样。另一种极端的关系模式是手足之间差异太大，以至于他们之间完全没有联结。他们互相不喜欢对方，彼此没有依赖，甚至都不想见到对方。

对那些不处在两个极端的人而言，他们能意识到兄弟姐妹之间既相似又有差异。在这种相似-差异共存的模式中，健康的表现是兄弟姐妹之间因为相似而感到互相联结，同时接受彼此的差异。在2003年，班克和卡恩指出，"敌对依存关系"是一种不良的相处模式。手足之间没有特别的好感，彼此通常都想胜过对方。他们之间的交往充满了打压和自鸣得意。这种模式对自我接纳最为有害，因为这样的模式强化了比较和自我评判。

总之，这些研究显示出手足关系是非常复杂的，同时对孩子的自我感受又是非常重要的。兄弟姐妹可以是盟友、对手、导师、敌人、入侵者、追随者或者陌生人。有一点可以确定，当兄弟姐妹一起长大，他们会不可避免地以某种形式把对方作为参照，来确定自我的身份，同时进行自我评价。这些比较会影响孩子对自己能力强弱的感知，甚至会影响到他们与兄弟姐妹之间的关系。

提高自我接纳水平的一些方法

在衡量自身价值时，孩子会用兄弟姐妹之间的比较结果作为标准。最直白的问题就是："谁更好？"这会引发他们对比较结果的强烈关注。然而，兄弟姐妹之间不应该是输赢的关系。作为父母，我们可以努力帮助孩子处理好他们相互之间无法避免的比较，培养他们相互之间灵活有度的亲近感，以及避免他们形成互相排斥的独特个性。下面这些方法可以一试。

不要公开比较兄弟姐妹

我相信你一定看到了子女之间的差异，但是请你不要说出来。孩子在认识相互之间的相似性和差异性这个问题上，已经焦头烂额了。家长关注差异，这会造成孩子之间的意想不到的疏远，甚至成为自我实现的预言。兄弟姐妹之间的比较，即使是善意的，也会给孩子造成伤害。试想一位家长说："你擅长科学课，而你的妹妹在创意方面更胜一筹。"家长的意图是想认可孩子的独特能力，从而帮助孩子提高自我接纳水平。然而，在孩子听起来，这句话的意思是："创意方面是妹妹的领域，你就别想了！"当孩子做了这样的解读之后，他们的内心会琢磨到底哪种能力更受欢迎。在子女之间划分各自擅长的领域，这样的说法不仅忽略了各个领域中的重合部分（例如优秀的科学家是有创造力的），而且忽略了孩子善变的一面。随着孩子的成长，你现在看到的孩子之间的差异，不一定会持续存在。

明确家庭的共同特征和价值

与他人有相似性，这会给孩子带来归属感。你觉得全体家庭成员共同拥有的特征是什么呢？是什么兴趣、品质、习惯、价值观把一家人联系在一起了呢？你可以和孩子一起讨论一下这个话题。也许你们都是有好奇心的人（尽管各自的兴趣领域并不相同），也可能你们都关心环保，也许你们都喜欢运动（尽管喜欢的体育项目各不相同），或者你们都喜欢同一套图书，或许有共同的习惯把你们联系在了一起，比如周六晚上的电影和爆米花。可以让孩子想想其他家庭的做法，也可以帮他们想清楚自己家庭的做事模式。你可以将这些发现列在清单上，也可以随手记下来，或者形成家庭的目标宣言。找出家庭所重视的品质，有助于让这些品质在日常生活中发挥更大的作用。

明确反对孩子把兴趣爱好划定界限

如果你发现孩子因为兄弟姐妹在某个领域成绩很好，因此对这个领域望而却步，那么你也许需要直接指出这种想法的问题所在。比如，你可以说："你哥哥数学很优秀，但是数学并不是只属于他一个人的！"然后，你可以表示一下你对孩子在数学学习方面的信心，相信他甚至可以超越哥哥。你可以用换牙这件事来做个比喻：有的孩子换牙早，有的孩子换牙晚。不论换牙早晚，孩子一般都会长出正常数量的牙齿。再比如，你可以跟孩子强调："你的起点在哪儿没有关系，关键是你能不能坚持努力！"这样可以鼓励孩子不轻易放弃（见第6~7章）。

鼓励哥哥姐姐指导弟弟妹妹

有的时候你也可以让哥哥姐姐帮助弟弟妹妹学习某项技能，这可以缓解兄弟姐妹之间的敌对态度。家长要注意不能做得太过，否则孩子会产生逆反心理。你可以给年长的孩子一点儿报酬，或者非金钱的奖励——比如一个冰激凌，让他帮助弟弟妹妹。这是对哥哥姐姐专长的认可，是赋予他们一个更成熟也更能发挥作用的角色。你可以给孩子设定一些条件，比如，要求哥哥姐姐的教导过程必须是积极有效的，或者说只有弟弟妹妹对这个过程感到开心，哥哥姐姐才能得到奖励。如果效果良好，弟弟妹妹取得了好成绩，哥哥姐姐会感到这是回报，而不是威胁。因为弟弟妹妹感受到了关爱，心里明白他们可以从哥哥姐姐那里得到鼓励，而不是批评，所以他们也会更愿意尝试。

一起庆祝兄弟姐妹的成功

家庭成员难免会互相抱怨，而家庭的重要内容之一就是互相鼓励、互相支持。例如，当孩子对哥哥的演奏发牢骚时，你可以告诉他："你必须安静地看完哥哥的乐队演奏，因为这对他很重要。这个时候我们应该支持他。"有时候你需要提醒孩子，才能帮他们走出自我关注。如果给兄弟姐妹提供支持有困难（比如乐队演奏的时间太长），那记得要表示感谢。对于提供支持的孩子，你可以给他安排一些任务，帮助他能对最终的成绩有所贡献。比如，你可以说："我们都要谢谢你，你为哥哥的独奏表演录了像，还向哥哥表示了祝贺。你的做法非常友善大方。"将来，你要让得到支持的孩子有机会向提供支持的孩子给予关心和爱护。

手足之间的嫉妒：谁最受宠

一个影响孩子自我接纳水平的因素是兄弟姐妹之间的嫉妒，这反映的是子女如何看待父母对待自己和其他兄弟姐妹的方式。兄弟姐妹之间互相比较，这反映出他们所关心的一个问题：到底谁更好？由此他们会产生嫉妒心理，而很少意识到争夺父母的关注和宠爱会造成手足之间的冲突

(McGuire et al.，2000)。子女对父母偏爱哪个孩子这一话题格外敏感。

早在1~2岁的时候，孩子就会仔细留意父母如何与其他兄弟姐妹互动（Dunn and Munn，1985）。年长的孩子甚至可以轻易地说出那些让他们感到嫉妒的时刻。比如，2008年朱莉·汤普森和埃米·哈尔伯施塔特让5~6年级的孩子描述一下"在哪些情况下，他们会嫉妒自己的兄弟姐妹"。孩子的回答是：

1. 给兄弟姐妹更多、更好的玩具。
2. 孩子之间发生冲突的时候，父母站在兄弟姐妹那边。
3. 和其他兄弟姐妹相处时间更多。
4. 由于其他兄弟姐妹具有某些特殊技能而给予格外关注。

孩子会时刻留意父母的偏爱，并随时记录着与此相关的点点滴滴。

有关父母偏爱的研究成果

父母心目中有最喜爱的孩子吗？显然，很多父母都有自己最喜爱的孩子。有一项研究，研究对象是两个孩子家庭中的双亲和9~18岁的孩子。研究人员让这些家庭讨论各种各样的话题，然后，研究人员给父母的消极程度打分。结果显示，70%的父亲和74%的母亲对其中一个孩子更容易表现得易怒、敌意和迟钝（Shebloski，Conger，and Widaman，2005）。

有可能每个家长在某些阶段或者某些情况下，都会觉得某个孩子在身边时，自己感觉更轻松更愉快。我自己的孩子说，最近经常洗碗的孩子最受喜爱。虽然这种时常变化的偏爱可能会引起孩子的抱怨，但并不会影响孩子的自我接纳水平。最需要注意的情况是，父母长期持续地对某个孩子进行批评和约束，却对另一个孩子态度和蔼，关爱备至。

很多研究都指出，如果父母在对待孩子时不公平，那就会带来兄弟姐妹之间更多的冲突，也会导致不受宠的孩子产生自卑感（Meunier et al., 2012）。有一点尚不清楚：究竟是在父母宠爱的竞争中失利导致了自卑，还是自卑感让孩子觉得父母不公平，或者是其他因素（比如孩子的焦虑和任性）造成了孩子的自卑感以及与父母之间相对消极的互动形式。

公平对待的陷阱

孩子经常会说："这不公平！"然而，父母真没必要对孩子做到同等对待，因为每个孩子的需要是不同的。对于睡前时间的需求，12岁的孩子和6岁的孩子显然是不一样的。一个拖拖拉拉的孩子需要我们提醒他放学后做家庭作业，而对一个喜欢主动做家庭作业的孩子，可能我们只需要告诉他已经做得足够好了。

然而，我们需要关注的是，孩子如何理解这种区别对待的方式。对于父母的区别对待，孩子是认为其公平合理，还是觉得他们不如其他的兄弟姐妹受宠，这会影响孩子的自我接纳水平以及兄弟姐妹之间的关系（Kowal，Krull，and Kramer，2006）。

不同的家庭成员对于家庭互动的方式，可以有不同的看法。即使在家长和外人看来很正常的管教行为，孩子也可能觉得不公平。孩子对具体事件的解读，有时候会出乎预料。我认识一家人，弟弟由于身体残疾而需要父母给予额外的关注和支持。也许出于现实的需要，姐姐变得非常自立和谨慎。有一次，姐姐考试没考好，因为她生病了，有几天没去上学。父母并没有批评她，因为他们知道她是个很好的学生。父母觉得自己表现出的是理解和支持的态度。然而，姐姐看到父母不以为意的态度，感到很伤心。她觉得父母没有批评和惩罚她，是因为父母并不关心她。很显然，需要做的当然不是去惩罚她，而是要让她作为一个省心的孩子也有机会表达自己的感受。她需要亲耳听到父母对她的关爱，需要父母告诉她"不用事事都做到完美"。

家庭角色的固化和自我接纳水平

对于手足之间的相互嫉妒和自我接纳水平，家庭角色的固化是非常重要的影响因素。没有哪个父母能做到绝对公平。因此，在某些家庭里，出于环境和个性的双重原因，孩子会沉浸在某个特定的家庭角色中，这会让他们与其他兄弟姐妹互相疏远。家庭角色固化的形式有很多种，其重要的特征是将孩子的行为框定为某种模式。这会限制孩子的成长，伤害这些孩子与其他家庭成员的关系。

第一个角色固化的例子是家庭中的坏孩子。当然，这个孩子并不是真坏，但是他可能在某一方面格外果断、精力旺盛、非常情绪化或者正处于成长过程中的某个特定阶段。这就让这个孩子比家里其他孩子明显地更容易惹麻烦。于是，这个孩子就成了家里的"惹祸专业户"。因为每个人都这么想，所以到最后，这个孩子就不再尝试改变了。"坏孩子"在家庭里总是对应着某个同样被固化了的"好孩子"。这个好孩子认为自己必须做得完美，才能对坏孩子带来的麻烦有所补偿。

第二个角色固化的例子是家长化的孩子。也许是因为家长不堪重负，某个孩子被迫过早地承担了成年人的责任，比如他要经常照顾年幼的弟弟妹妹。这导致了兄弟姐妹之间的怨恨，对家长化的孩子来说，他是无力承担的。

第三种角色固化的例子是某个孩子成为父母一方的特别伙伴。父母会觉得某个孩子和自己更相似，这种情况非常普遍。然而，这种特殊伙伴的角色一旦固定到某个孩子身上，这通常是婚姻出现问题的一个征兆。对孩子来说，尽管成为父母一方的特殊伙伴或许让他感到兴奋，但是这会导致父母另外一方以及其他兄弟姐妹的疏远和怨恨。这个特定的孩子因为扮演着特殊伙伴的角色，也可能会感到愧疚，并且因为担心失去这个角色而感到焦虑。如果父母一方选择再婚，这个特殊伙伴身份的孩子很可能会丧失这种特殊身份，这会让孩子感到沮丧和失望。

如果你发现子女沉浸在某种固化的角色之中，你可以帮助他们从这种角色中脱离出来。你可以提示他们，鼓励他们，甚至创造机会让他们以不同的角色与家人沟通。比如，让"坏孩子"做些富于责任感或者助人为乐的事，允许"好孩子"偶尔犯错，让家长化的孩子受到他人的照顾，让父母一方的特殊伙伴为父母中的另一方做些事情。

提高自我接纳水平的几个方法

手足之间的嫉妒会影响他们之间的亲近感。当孩子试图理解父母为什么会偏爱其他孩子的时候，这会导致孩子负面的自我判断。下面这些方法，对处理孩子认为父母偏心的情况，会有所帮助。

解决子女相互嫉妒这一现象背后真正的问题

一旦孩子指出父母偏心，父母通常会向孩子强调说，他们对全部子女的爱是同样的。这种说法让人难以信服。没有人希望得到同样的爱，我们每个人都希望得到特别的关爱。所以，当孩子抱怨你偏爱某个子女的时候，不要陷入辩解而试图显得公正。你应该给孩子一个拥抱，告诉孩子："我给了你特殊的爱！"然后，你可以列举出孩子的一些优点，尤其要强调那些他们与生俱来的优点。例如，你可以对孩子说："我喜欢你被笑话逗乐的样子，我喜欢你对你的小表妹这么温柔，我喜欢你在下雨时总是看天气图的样子……"

与每个孩子都有愉快的单独相处时光

与父母单独相处一会儿，对建立亲子联结会有所帮助。孩子不仅感到愉快，而且可以提高自我接纳水平。父母与子女的单独相处，要安排得简单易行，这样才能经常有这样的活动，甚至可以成为一种常规的安排。

不要纠结于是否同等对待每件事

如果我们连每个孩子蛋糕上的糖粉都要绝对等量，那么这相当于告诉孩子，任何微小的不相等都是危险的和不可接受的。我们实际上是在教导孩子随时警惕任何事情是否绝对平等。这样做不仅麻烦，而且也不可能做到。这会让人在交往中时时关注"我得到了什么"。然而，当孩子关注外部世界，不过分关注自己时，才能真正实现自我接纳。

在子女之间，你当然不会故意粗暴地制造明显的不公平，也不必为子女受到的微不足道的不平等对待进行补偿。承认孩子的沮丧和失望，或许会有所帮助。你可以对孩子说："你感觉沮丧，因为他可以做这个而你还不能。你不高兴，因为你要做这个而他不需要做。"说完后，你要记得给孩子一个拥抱，告诉他："事情有时候是不公平的，但我觉得你已经很坚强了，你能够处理好！"

愿意改变做事的方式

关于不公平对待，孩子有时候提出的看法是合理的，需要家长认真对待。或许随着孩子年龄的增长，原来的规则不再适用了。也许你对某个孩子的感受不够了解，而你确实也希望对此有所改进。被他人聆听，这是孩子所需要的重要的支持。尽管我们不想天天纠缠在子女之间公平与否的问题中，但是对于真正的问题，我们要给予及时的回应。

回想你小时候的家庭模式

我们曾经的成长经历，在我们与子女互动的过程中，会形成过敏区域或者盲区。比如，如果你父母曾经饶恕了你的妹妹犯的大错，那么在教养子女的过程中，你可能会更倾向于年长的子女。如果你被你哥哥欺负过，当你自己的子女中年长的孩子有一点点蛮横行为时，你可能会表现得忍无可忍。觉察到我们曾经的家庭模式如何塑造了我们，有助于我们控制自己的下意识行为。这样，在给孩子回应的时候，我们可以思考得更清楚，对孩子更友善、更公平。

兄弟姐妹之间的冲突

兄弟姐妹之间的冲突会影响孩子的自我接纳水平。到目前为止，父母最担心的就是子女之间频繁而激烈的争吵。兄弟姐妹之间的冲突失控，会损害手足亲情，会直接影响孩子的自我接纳水平。在此，我们会讲解手足冲突以及父母的应对方式。

兄弟姐妹之间的争执极其平常。在1999年的研究中，劳丽·克雷默和她的同事，记录了3~9岁的兄弟姐妹在自己家里玩耍的时候所发生的冲突。在整整90分钟的观察时间里，孩子们平均会发生5次冲突，平均每18分钟一次。所以，如果你觉得你的孩子们总是在吵闹，或许这就是现实情况。

兄弟姐妹之间的相处方式差别很大。研究人员把兄弟姐妹的相处模式归纳为如下四种主要模式。

1. 少冲突多亲密的模式，这是父母最希望看到的模式。
2. 多冲突少亲密的模式，这是最令人痛苦的模式。
3. 少冲突少亲密的模式，这是一种和平模式，但兄弟姐妹关系疏远。
4. 多冲突多亲密的模式，这意味着争论和友爱形成了平衡，这是最常见的模式。

令人惊奇的是，多冲突多亲密的模式是小学生最满意的模式（McGuire，McHale，and Updegraff，1996）。从提高自我接纳水平方面来说，兄弟姐妹的亲密友爱比相互冲突更重要。

兄弟姐妹之间的冲突的特点

兄弟姐妹之间的冲突以争夺物品和物理空间为主（Howe，Ross，and Recchia，2011）。最典型的争吵就是"那是我的衣服""是我先到的"，其次就是关于活动的争吵，例如"每次游戏都是你先选"或者"上次就是你先玩的"，并且指责对方太讨厌了。对于这些争吵，你一定都听到过。

尽管成年人都觉得孩子们的争执应该通过合理的让步进行解决，但是研究表明，孩子们之间大部分争执都不是通过公平和友好的方式加以解决的。一项针对3~10岁兄弟姐妹的研究表明，兄弟姐妹之间的冲突只有12%是通过让步解决的，而77%是以决出了胜负而告终的，而且通常是年长的子女会获胜（Abuhatoum and Howe，2013）。

然而，如果在争执发生一段时间之后，再让这些孩子们回顾这些事，由于已经脱离了当时激烈争吵的情境，孩子可以和解的情况大约占一半（Howe，Ross，and Recchia，2011）。如果兄弟姐妹之间的交流集中在将来遇到这些问题时他们将如何解决，而不是回顾过去的争执上，那么他们能够更好地解决这些问题（Ross et al., 2006）。兄弟姐妹之间化解冲突，有利于培养相互的情感联结，提高自我接纳水平。同时，这有利于他们掌握相应的技能，可以在将来用于应对与同伴之间的冲突。

随着年龄的增长，年长的哥哥姐姐容易显得蛮横并具有攻击性。与此同时，哥哥姐姐可能承担着指导和照顾弟弟妹妹的角色，也容易想出更多好玩的主意来。年幼的弟弟妹妹也不是孤立无援的，他们会立刻大喊大叫，向爸爸妈妈寻求保护。年幼的弟弟妹妹更可能利用家里的规矩和公平原则来支持自己的立场（Abuhatoum and Howe, 2013）。等孩子再长大一点儿，在身体条件和语言能力方面，他们和哥哥姐姐会变得更加对等。

有一点要记住，一般来说，父母和睦相处的家庭里，兄弟姐妹之间通常也相处得不错（Kim et al., 2006）。家长之间经常争吵或者剧烈争吵，都会给孩子造成压力，也会让孩子有样学样，在处理冲突的时候，变得互相敌对。父母之间不管是激烈争吵还是冷暴力，对子女的成长都是非常有害的。如果我们希望子女之间形成互相支持的关系，帮助他们提高自我接纳度，那么我们身为父母，就要以身作则，树立友善和联结的榜样。

当兄弟姐妹之间出现凶狠行为时怎么办

兄弟姐妹之间发生的冲突，可能会非常激烈，有时候甚至会出现暴力倾向。一项研究表明，一年的时间里，70%家庭中的兄弟姐妹之间出现过肢体暴力冲突，超过40%家庭中的兄弟姐妹相互踢打撕咬过（Straus, Gelles, and Steinmetz, 1981）。一项全美调查表明，在过去一年里，有两个2~9岁孩子的家庭中，有45%的孩子出现过动手打架的情况，而在有两个10~13岁孩子的家庭中，有36%的孩子出现过动手打架的情况

（Tucker et al., 2013）。值得庆幸的是，这些动手打架的行为，没有给孩子们造成伤害。

即使没有肢体暴力，兄弟姐妹之间也可能出现凶狠的行为。在2013年，霍莉·雷基亚和她的团队采访过7岁、11岁和16岁的孩子，询问他们曾经伤害弟弟妹妹或者朋友的情况。根据他们自己的讲述，他们对朋友造成伤害，通常是发生了意外情况。然而，他们对弟弟妹妹的伤害，是典型的、故意的凶狠行为。在他们讲述自己对弟弟妹妹造成的伤害时，他们的语气是随意且理直气壮的。比如，一个7岁的男生说："我弟弟冲我做鬼脸，我做鬼脸没他厉害，但是我的拳头比他厉害，所以我就打他！"一个11岁的女生说："我弟弟是个愚蠢、小气、邋遢的小矮人！他本来就长得矮啊！"这些孩子事后都会说自己很后悔，因为他们的行为伤害了弟弟妹妹。他们的恶劣行为既不能帮助他们与弟弟妹妹保持良好的关系，也无助于弟弟妹妹提高自我接纳水平。他们伤害弟弟妹妹的行为，还可能让他们为自己的恶劣行为感到羞耻和愧疚，也不利于他们提高自己的自我接纳水平。

父母如何进行干预

观察发现，父母对子女之间的冲突，有一半儿情形，不会进行干预，而是让他们自行解决。然而，父母也表示，忽略子女之间的冲突，不一定是有效的办法（Kramer, Perozynski, and Chung, 1999）。当父母无视于子女间的冲突时，这会让孩子们觉得冲突行为是被允许的。因此，他们的冲突行为会更多，争吵会更激烈。

当父母对子女的冲突进行干预时，他们通常会充当裁判的角色，给孩子提供解决问题的最终答案。然而，不管父母和冲突双方的哪一方谈话，孩子都会试图把父母拉向自己这边。所以，一旦父母以这种角色介入，孩子就会拉拢父母，争取赢得父母对自己的支持，而不会再考虑自己如何解决这个问题。

提高自我接纳水平的另外几个方法

重要的是，解决兄弟姐妹之间的冲突，尤其是激烈和凶狠的冲突。激烈的冲突会严重影响孩子的自我接纳水平。如果有孩子长期受到兄弟姐妹严重的欺侮，他会觉得没有人关心他所遭受的伤害，会感到孤单无助，甚至认为自己活该受欺负。尽管我们不想每次对孩子之间的小争执都插手干涉，但我们也不能眼睁睁地看着他们之间的冲突升级到"凶狠对抗"或者"两败俱伤"的地步。

下面这些方法可以用来尝试解决兄弟姐妹之间的冲突，从而最大限度地消除敌意，培养互相友爱的情谊，支持孩子提高自我接纳水平。

忽略小的争吵

孩子之间的吵吵闹闹，家长不需要动用联合国级别的外交和司法力量来进行解决。我们可以给孩子时间和空间，让他们自己解决问题。对于孩子之间温和的争吵，只要背后没有真正严重的问题，家长们完全可以视而不见。

如果你打算鼓励孩子们找到更好的解决办法，只要给他们一个宽泛的预期即可。比如，你可以说："你们想一想，怎样做会对你们两个都公平呢？"然后，你就可以退出去了。

如果孩子之间的这种争执已经开始占用你的精力，你可以尝试演绎关于和平的歌曲。这类型的歌曲很多，比如歌曲《让和平降临大地》《给和平一个机会》《平静如河》等。你的演绎其实是对家庭价值观的宣扬，很可能会让家里重新变得温暖和睦。

制止和预防真正的恶劣行为

家长需要给孩子们设定行为底线，例如，不许造成身体伤害，不许搞破坏，不能斗狠，不能侮辱对方等。当孩子们情绪激动的时候，在绝大多数情况下，你最好的做法是命令孩子们："你们各回各的房间，现在不能待在一起！"有必要的话可以强调一句："等你们都冷静下来了，我们再谈这件事。"

指出为错误行为找借口的做法

告诉孩子，人犯错的时候，都会有给自己找借口为自己开脱的倾向，比如："我只是开玩笑呢！""是他先这么做的！""是她让我干的！""他们做得比我还严重啊！"但是，无论什么样的借口，都不能让孩子的错误行为变得可以被接受。

严重的和反复发生的问题，需要家长居中调解

孩子并非生来就懂得如何处理相互关系。他们需要学习和练习，才懂得如何换位思考。作为居中调解的人员，家长可以指导孩子们自己找到解决办法，让每个孩子都有机会说出自己的想法，让每个孩子都能看到对方的顾虑，然后鼓励孩子们提出解决方案，并互相商量。家长可能会冲动地想直接给出解决方案。然而，让孩子们自己协商出解决办法，这个学习过程更有价值。居中调解需要时间，所以家长可以只在严重的和反复发生的问题上花费时间。经过几次调解之后，孩子们就能迅速学习和掌握这种方法，学会自己协商解决问题。

鼓励兄弟姐妹愉快相处，团结互助

兄弟姐妹一起开心地玩耍，有助于培养团结友爱的关系，也有助于他们学习友好相处、平和地处理分歧。家长可以鼓励孩子们一起完成某个项目，或者孩子和家长各组成一组进行比赛，这会让孩子成为彼此的同盟队员。家庭一起进行活动，或者一起去户外远行，都有助于增强家庭的凝聚力。

总　　结

手足关系是复杂的。兄弟姐妹是孩子定义自我、衡量自我的参照，是争夺父母关爱的对手，也是一生的伙伴和支持的来源。在孩子小的时候，如果他们认为自己比不上兄弟姐妹，他们就会自卑。尽管孩子之间时有争执，但是他们心里确信兄弟姐妹是支持他们的，这会帮助孩子提高自我接纳水平。

当你决定要多个孩子时，在你的想象中，他们会成为一生的好朋友，也许事实确实是这样的。虽然各种研究和日常的经验都告诉我们，兄弟姐妹会经常争吵，这让人郁闷。然而，这种冲突不一定会影响他们之间的手足亲情。帮助孩子接纳彼此的相似和差异之处，避免孩子们在小事上斤斤计较，防止家庭角色固化的发生，尽量减少彼此之间的恶劣行为，让孩子们能够愉快地相处，这些都有利于孩子形成归属感，从而帮助他们真正实现自我接纳。

在下一章，我们将讨论孩子之间的友谊。我们来看一看同伴关系是如何影响孩子的自我接纳水平的，看看父母如何帮助孩子学会交朋友、与朋友相处。

实用要点

♣ 兄弟姐妹之间的互动模式会影响孩子的自我接纳水平,这些互动模式包括比较、嫉妒、冲突等。

♣ 孩子与兄弟姐妹相比的结果会让孩子产生孤独感、优越感或者无力感。所有这些感受都会影响孩子的自我接纳水平。

♣ 研究发现,不受偏爱的孩子更会觉着父母不公,更常与其他兄弟姐妹产生冲突,更易产生自卑心理。

♣ 家庭角色固化(例如坏孩子、好孩子、家长化的孩子等)框定了孩子的角色,对孩子与兄弟姐妹之间的关系是有害的。

♣ 虽然良好的手足亲情有助于孩子提高自我接纳水平,但是如果兄弟姐妹之间的冲突发展到了失控的状态,将会损害孩子的手足亲情,也就谈不上对自我的认可了。

第 5 章
Kid Confidence

没有人喜欢我

玛丽萨进了屋，撇下背包，没精打采地瘫在椅子上。

"有什么问题吗，宝贝？"妈妈问。

"一堆问题！"玛丽萨嘟囔着，"今天休息的时候，西西一直和萨曼莎一起玩。阿亚米和劳拉一起玩。芙朗辛和其他女生玩四格游戏，我最讨厌那个游戏了，所以我只能自己一个人玩。"

"我相信，如果你跟她们说，她们就愿意带你一起玩。"

"不可能！其他人都有自己的好朋友，就我没有！没有人喜欢我。她们从来都不带我玩！"

玛丽萨的自卑心理是因为她感受到同学在排斥她。尽管没有人明显地排斥她，但是她看到其他同学都有伙伴，这让她感觉自己象个局外人。

玛丽萨真的被其他同学排斥了吗？这说不准。有研究显示，有些人对他人的排斥格外敏感，即使是他人无意的排斥行为，他们也能明显地感受到（McLachlan, Zimmer-Gembeck, and McGregor, 2010）。如果孩子遭受过排挤，当发现自己可能再次受到同伴的排挤时，他们可能会产生焦虑和愤怒的情绪。这会导致孩子可能将一些普通的行为理解为排斥行为。那天，其他女生各自聚在一起玩游戏时，就像玛丽萨妈妈说的那样，也许她们是愿意带着玛丽萨一起玩的。另外，也可能玛丽萨的某些行为确实让其他孩子不愿意和她一起玩耍。

本章会讲解家长如何能够帮助孩子建立友谊，以及如何通过建立情感联结来防止消极的自我关注。

友谊的重要性

友谊对孩子来说是极其重要的。朋友是乐趣的来源，也是归属感的来源。交友可以帮助孩子在家庭以外的领域中，理解自己是谁。朋友还能帮助孩子克服困难。孩子有喜欢自己的朋友，哪怕这样的朋友只有一个，都能帮助孩子形成更高的自我接纳水平，不会感到非常孤独，也会更喜欢学校，不容易遭到霸凌，同时也能更好地应对困难（Bukowski et al., 2009）。

另外，受到同伴普遍排斥的孩子，通常会感到孤独和无所适从。

有一项关于自我接纳水平的理论，被称为社会计量器理论。这一理论认为自我接纳水平具有一个内在的晴雨表，它能告诉人们自己被某个群体接纳的程度（Leary and Baumeister, 2000）。从进化角度来说，由于人类必须与同类相处才能生存，因此，当人们感受到自己处于群体之外时会很不舒服，但这种感受是有益的。

从理论上说，被群体拒绝的痛苦感受，可以促使孩子用可以被群体接纳的方式行事，从而重新得到群体的友好接纳。从现实角度看，作为一名临床心理医生，我观察到自卑的孩子一旦感到被拒绝或者预感自己会被拒绝，他们采取的应对方式通常会让他人继续甚至更严重地排斥他们。因为这些孩子只关注自身受伤害的感受，关注自己的焦虑或者不高兴。他们与别人相处时，斤斤计较，或者拒绝和其他孩子来往。这些做法都让他们难以与他人建立和维持友谊关系。

社会关系中的地位问题

研究人员花费了大量时间，研究孩子是如何融入或者无法融入同伴的。一个典型的研究案例是：在学校里，让某一个年级的所有孩子说出他们最喜欢和最不喜欢的3位同学。根据这些调查报告的结果，研究人员将这些孩子归为5类，来表示他们在社会关系中的地位（Cillessen and Mayeux，2004b）。

- 大部分孩子被归在了"平均值小组"，也就是说他们不太突出，喜欢他们的人和不喜欢他们的人数量差不多。
- 有些孩子被归在了"深受喜爱小组"，喜欢这类孩子的人很多，不喜欢他们的人很少。这些孩子倾向于友善合作。视情况所需，他们可以做事很果断，并且很少卷入冲突。
- 有些孩子被归在了"矛盾小组"，这类孩子充满了混合的特点。喜欢他们的人很多，不喜欢他们的人也很多。他们通常是制定规则的社会领导者。他们对朋友很友好，对不是朋友的人就不太友好。
- 有些孩子被归在了"被忽略小组"，这类孩子很容易被忽略。没有喜欢他们的人，也没有不喜欢他们的人。在与人交往的过程中，这组孩子性格沉稳。他们通常受到老师的喜欢。随着时间的推移，当同伴对这组孩子有了更多的了解之后，这组孩子就可能进入其他类别的小组。
- 有些孩子被归在了"受排挤小组"，有很多不喜欢他们的人，喜欢他们的人很少。这类孩子最让我们担心。

为什么有的孩子会被排挤

研究人员观察那些被排挤的孩子，他们将这些孩子分为几个不同的类型。许多被排挤的孩子具有易怒的性格，这让同伴害怕，或者让同伴感到有距离感。被排挤的男孩更容易动手打架，而受排挤的女孩更容易在语言上蛮横凶狠。有时候，同伴会故意挑逗这些受排挤的孩子，拿他们寻开心。糟糕的是，当这些受排挤的孩子因为挑逗行为而情绪爆发的时候，他们和其他孩子间的关系就会更加疏远。

在受到排挤后，有的孩子会当众哭泣。他们一旦感到沮丧或者受到轻视，就会忍不住哭泣。虽然最初他们会得到同伴的同情，但是如果这种情况太过频繁，其他孩子就可能会忽略或者躲着他们，甚至嘲笑他们太孩子气。从小学1年级开始，当众哭泣就会给孩子的社交带来伤害。如果孩子自己经常哭泣，就没有时间玩耍、学习，或者做其他有趣的事情，而这些事情才有助于培育友谊。

在受到排挤后，有的孩子会显得焦虑和孤僻。他们不愿意和同伴打交道，不主动与同伴打招呼，同伴跟他们打招呼时，他们也爱搭不理。

在受到排挤后，有的孩子会显得与同伴不合拍。对于他们觉得有意思的事情，同伴会觉得古怪或者幼稚。他们可能有另类的或者让人反感的习惯，例如不讲卫生。不讲卫生的习惯最容易得到纠正。对于那些不爱洗澡、早晨不愿意换干净衣服、不刷牙的孩子，你可以让他们早晨上学前先擤鼻涕，把自己弄干净再去上学。

社会地位和友谊的关系

虽然社会地位和友谊不是一回事,但两者是相关的。孩子的社会地位反映了孩子的整体形象。友谊指的是具体的朋友关系。斯科特·格斯特和他的同事针对7~8岁的孩子进行了一项研究。在普遍受到同龄人喜爱的孩子中,有1/3的人说自己没有朋友(Gest, Graham-Berhmann, and Hartup, 2001)。这说明拥有良好的形象不一定会拥有朋友,但是广受欢迎的孩子比受大家讨厌的孩子更容易交到朋友。

格斯特发现,在受排挤的孩子中,有39%的孩子都有朋友。只不过,这些受排挤的孩子与朋友的友谊,不像其他孩子的友谊那么令人愉快和满意。低质量的友谊缺乏彼此的支持,并且隐藏着冲突,但是我们并不清楚:这些受排挤的孩子之所以选择了低质量的友谊关系,是因为别无选择,还是因为不懂得如何建立和维持高质量的友谊。

提高自我接纳水平的方法

我们应该如何帮助玛丽萨这样的孩子呢?如果玛丽萨坚持认为没有人喜欢她,那么我们是无法更好地帮助她的。这会让她深陷自卑的旋涡,感到伤心和无奈。除了沉浸在被排挤的情绪中,玛丽萨需要想一想:"我可以给谁提供帮助?"这不是说要无原则地讨好别人,而是要适当放下对自我的关注,并开始关注他人的需求。

对于那些因为友情问题而自卑的孩子,我们需要帮助孩子逐渐变得宽容和外向,从而帮助他们与同伴建立真正的情感联结。这意味着,他们首先要改变让人反感的行为,其次要与他人建立联结。

改变让人反感的行为

几乎所有的孩子在某个阶段都会或多或少地面临友谊方面的问题。自卑的孩子倾向于将这个情况视为个人失败的信号，并认为这是无法改变的。因为他们觉得自己不够聪明、不够酷、不够可爱，所以别人才排挤他们。他们总是看不到自己排斥他人的行为，因为他们只在乎自己的感受，而没有想到自己的行为会给别人造成影响。

学会自我冷静，避免严重宣泄情绪的行为

严重的情绪化行为，不管是发火还是哭泣，对周围的人来说都是不愉快的。当然，孩子可以有任何感受，但是他们需要管理自己的感受，这样才不会被自己的感受压垮。

有一次，一个女孩告诉我说："我知道如何交朋友。我只要坐在操场边，看起来很伤心的样子，别人就会同情我，就会过来陪我。"

这可不是交朋友的好办法！偶尔一次这样做或许会有作用，但是其他孩子很快就会觉得，还是和那些看起来高高兴兴的孩子一起玩耍会更愉快。这个女孩在乎的只是自己的感受，而不是如何与同伴建立联结。

让孩子练习冷静下来的方法，比如放缓呼吸（呼气四拍，吸气四拍），在心里做几道算术题（累加、递减），或者让孩子只是观察地砖的形状。这些做法都有助于孩子应对低落情绪。让孩子默念一些提前练习过的语句，例如："我不喜欢这样，但是我能处理好！""我有能力应对这种情况！"这种做法可以帮助孩子在面对问题的时候做到情绪不失控。

这样做之后，如果孩子还是觉得难以忍受，那么你最好让孩子暂时休息一下，或者让他去一趟卫生间，尽量脱离当时的场景，帮助孩子冷静下来。在这个短暂的休息时间里，孩子最好控制好自己的情绪，不要反复回想刚才的情况有多糟糕，或者自己错得有多离谱。那样做只会让孩子的压

力更大。与此相反，他们应该选择适合自己的应对办法，或者转移注意力，尽量让自己冷静下来，再动脑思考，想想有哪些办法可以应对当前的状况。

鼓励解决问题的行为，反对告状的行为

与同伴意见相左，这样的情况不可避免。当孩子遇到冲突的时候，除了要学会冷静，还要知道相应的解决办法。很多自卑的孩子过度关注自己所承受的压力，遇到问题时，他们最直接的办法就是告状。这样做可能会引起老师的干预，但是这种做法肯定会让其他孩子不高兴。如果孩子总是这样做，老师也会觉得不耐烦。从小学1年级开始，孩子就要学会避免公开告状。小学高年级的学生或者初中生的告状行为会遭到同伴的强烈反感。因为告状行为被看作恶劣的、孩子气的行为。

如果孩子遇到的情况非常严重或者一直在持续，这就需要成年人出面干预。如果孩子遇到了严重的或者持续性的霸凌行为，那么最好的做法是，事后在其他孩子不在场的情况下，孩子悄悄地把事情告诉成年人。他们不应该直接告诉同伴："我把这个事告诉老师了。"

冷静下来之后，孩子应当计划一下，面对反复出现的情况，应该如何应对。孩子有时候就应该直接向对方说出自己的想法，比如："是我先拿到的！""该轮到我玩了！""上次就是我当青蛙，这次我要当别的！""这个项目这样的任务分配对我不公平。我觉得每个人都应该出力。"

与其心怀不满，或者愤怒地指责别人卑鄙，直接沟通可以通过让孩子客观地陈述事实，让孩子勇敢平和地说出自己的想法和需要，同时以尊重他人的方式让他人听到自己的想法。对许多孩子来说，他们需要练习如何坚定地表达自己。你可以在不同的场景下，与孩子进行角色扮演，帮助孩子练习如何冷静直接地表达和沟通。

大吼大叫、骂人或者指责对方，都不能得到积极的回应。孩子应当用坚定的话语强调"我"（"我想……""我要……"），而不是说"你"（"你是……""你总是……""你从来不……"）。通常孩子最好告诉对方自己想要做什么，而不是喊"停下"，例如可以说："你挤到我了，请让开一点。"这样的说法比"别烦我"让人更容易听得进去，同时也更尊重对方。

要帮助孩子练习如何坚定地回应，你可以和孩子一起模仿他遇到的真实场景，或者尝试下面列出的一些方法。孩子可以怎样做，才能既尊重对方，又能说出自己的想法和需求呢？我们要提醒自己，孩子的语调和肢体语言有时候比他说的话更加重要。孩子需要态度坚决地说出自己的想法，如果以愤怒、蔑视或者试探的方式表达想法，对方根本无法领会孩子的真正意图。我们看下面几个例子。

1. 杰里米拿了你的铅笔。

    你可以态度坚决地说："那是我的铅笔，请你还给我！"

2. 排队的时候，凯瑟琳在你前面插队。

    你可以态度坚决地说："不好意思，我排在你前面，请你到后面排队！"

3. 阿姆里特总是喊你难听的外号。

    你可以态度坚决地告诉他："我不喜欢你喊我的外号，请你叫我的真名！"

4. 玛丽亚和普里亚总是在午餐时间把你的饼干藏起来。

    你可以态度坚决地对她们说："你们这么做，我觉得很没意思。请把饼干还给我。"

态度坚决地说出自己的想法，并不是任何时候都有用。有的孩子就是不顾及他人的想法和感受，所以态度坚决地对他们表达自己的需求也完全没用。最好的办法就是远离那样的孩子。即使是平时关系很好的朋友，当孩子与其发生了重大的分歧时，最好的办法也是和对方暂时分开，去跟别的孩子玩，让彼此的情绪都冷静下来。一般来说，虽然成年人愿意把事情讲出来，但是孩子通常不会这样做。研究发现，对于孩子的冲突，通常要通过将彼此分开一段时间加以解决（分开的时间可以是几分钟，甚至一整天）。然后，他们就可以重新友好地在一起玩耍了（Verbeek，Hartup，and Collins，2000）。

防止独占友谊的排他行为

在交到朋友之后，自卑的孩子有时候特别希望时时刻刻和这个朋友待在一起，这样会让朋友感到窒息。这是以自身感受为中心而忽略他人感受的一个例子。自卑的孩子内心极度渴望朋友，恐惧没有朋友带来的孤独感，这让他们有可能会忽略朋友的感受。

主动联络朋友是很重要的，同时要给朋友留下空间，让他们有机会来联系你，这样做也很重要。这种做法不会让这种友谊看起来是单方面的要求。友谊就像是一场抛接球的游戏，一个人抛球，一个人接球，接住以后再抛回来，两者角色来回交换。

在实际生活中，我们应该怎么做呢？其中一个经验是：如果孩子请朋友来家里玩，那么下次再请这个朋友来家里，至少应该在两个星期以后。这种方式既主动，又不至于过度热情。

有一种比较棘手的情况是：如果孩子的朋友又交了新朋友，那么当朋友想和别人一起玩耍的时候，孩子容易感到嫉妒，或者觉得自己遭到了背叛。强迫朋友在自己和新朋友之间进行选择，这种行为很容易导致自己失去友谊。让朋友在不同的朋友之间分配时间（例如，"你在周一、周三和她做同桌，在周二、周四必须和我做同桌"），这样的做法同样是行不通的。

因为这种做法的控制感太强。面对这种情况，孩子需要共情能力，需要理解朋友的感受，尽可能与朋友的朋友也建立友好的关系。如果孩子和朋友的朋友不是竞争对手，那么朋友就不必做出二选一的选择。

试图扩大友谊范围，容纳朋友关系中的竞争者，虽然这个办法不总是有效的，但仍然是最好的办法。对友谊的独占欲会迅速破坏朋友之间的关系。孩子越想抓紧朋友，朋友离开得就越快。

帮助孩子学会建立情感联结

要结交朋友，孩子不仅仅要学会避免各种令人反感的行为，还需要学会主动与他人建立真正的联结。对那些有自卑感的孩子来说，关键还在于放下自己的胆怯，学会关注他人的需要。

学会打招呼

在与人交往最开始的几秒钟里，自卑的孩子会感到为难。当遇到认识的人，或者听见别人跟自己打招呼，他们就会退缩，会躲开他人的眼睛，转身走开。这种退缩的背后是尴尬和自我关注，在其他孩子看来，这种行为就等于说："我不喜欢你，我不想和你来往！"

如果你家孩子还没学会打招呼，那么不妨让孩子先观察其他孩子是如何彼此打招呼的，以及是否经常打招呼。比如，你可以让孩子从早晨到学校开始，记下一天之内别人互相打招呼的次数。当孩子意识到打招呼原来是一件平常的事情，他会敞开心扉，与他人打招呼。孩子的担心在于，自己主动和他人打招呼，会引起大家的注意。但是实际上，只有不搭理人才会格外引起大家的注意，而且观感很不好。

下一步，家长和孩子一起练习如何友好地与他人打招呼，比如要面带微笑，看着对方的眼睛说话，声音洪亮清晰，让对方能够听清楚。如果直视对方的眼睛让孩子觉得不舒服，可以尝试一下这个小技巧：让孩子看着对方的额头。看着对方眼眉中间的位置，没人会注意到你没有直视对方的眼睛。

有可能的话，说出他人的名字也是个不错的主意，因为这样打招呼很有针对性。让孩子明白，与别人打招呼实际是告诉对方："见到你真高兴！"让孩子先在家练习，早晨起来或者放学回到家，见到家人时，跟家人打招呼。你甚至可以让孩子和你比一比，看看见面时，是谁先开始打招呼的。

当孩子喜欢上和家人打招呼，家长就可以尝试着让孩子和同伴打招呼了。你可以和孩子一起定个小目标，约定好每天要和多少个人打招呼。在开始的时候，有的孩子一天只想和一个人友好地打招呼。没关系，慢慢来，练习的次数多了，孩子和他人打招呼这件事就会变得更轻松、更自然。

建立联结不是自我表现

在社交活动中，有一类事情会给有自卑感的孩子带来压力：他们以为如果想要交到朋友，就需要自我表现，给他人留下深刻印象才行。这种想法会将最平常的交往变为众目睽睽之下的表演。见到同伴之前，他们会担心自己是不是做错了事。待在一起的时候，如果不知道自己该做什么，或者不知道如何给予回应，他们会感到无比焦虑。分开之后，他们会反复挑剔自己的一言一行，放大任何一点自己细小的不足，同时想象着自己会受到别人的嘲笑。

自我关注会加重孩子的焦虑情绪，加重他们的无力感，阻碍孩子与他人进行友好舒适的交往。这种做法非常消耗精力，也难怪那么多自卑的孩子会尽量避免与他人交往。糟糕的是，避免社交活动让他们在同伴面前感到更不自在。

为了打破恶性循环，孩子需要理解：别人并没有总在关注你。总想给别人留下好印象，这对交朋友或者与朋友保持来往来说，没有帮助。对孩子来说，一个比较好的方法是：想想如何让他人感到舒服，如何能被人喜爱。不要总是想着表现优秀，这么想只能导致自我关注。孩子只要想着对他人友善，表现出对他人的兴趣就可以了。这比显得优秀容易多了。

孩子有如下表示友善的方法。

- 对别人微笑。
- 真心赞美他人，例如："好球！""你的计划听起来真不错！"
- 询问"是什么""为什么"这样的问题，进一步了解他人，例如："新上映的电影你觉得怎么样？""你周末过得怎么样？"
- 主动与他人分享，例如："来，你可以用我的铅笔。""我多带了一些纸，你需要吗？"
- 邀请他人一起参加活动，例如："你可以坐在这里，这边还有空位。""你想和我一起搭恐龙模型吗？"

你可以和孩子一起讨论，听听孩子还有什么主意。为了鼓励孩子友善的行为，你可以让孩子将每天的友善行为记在日记里，或者让每个家庭成员在晚饭时间都来讲一讲当天的友善行为。

有些孩子表现友善的方式过于极端，比如给别人金钱、食物，或者将自己珍视的礼物送给别人。任何让孩子自己感到伤心和反感的行为，都无益于孩子与他人建立友谊。这样的做法也不会让其他人更喜欢你。友谊是需要细心呵护和培养的，而不是用物质换取的。

寻找共同点

孩子感到自己没有朋友,其中一种情况是因为他们没有找对人。要让孩子明白,并不是每个人都愿意与他交朋友的。从幼儿园开始,孩子就表现出更愿意和某一些同伴一起玩耍。有的孩子会对某个不喜欢他的人过度敏感,这也是他们苦恼的来源。

有时候,孩子想和某个人交朋友,因为对方很受大家的欢迎。从小学高年级到初中阶段,孩子的社会活动会出现分化,有些孩子表现得更善于社交活动。虽然这些容易引起他人关注的孩子不一定友善,也不一定值得信赖,但是他们在社交方面更强势,似乎每个人都愿意和他们做朋友。有一项研究发现,在孩子群里的明星人物,有不到 1/3 是受到大家喜爱的人(Parkhurst and Hopmeyer,1998)。

受人瞩目的孩子可能有运动方面的专长,或许更有魅力或者更富有(Adler and Adler,1995)。这些孩子中,有的会嘲笑或者排斥他人,有的会传闲话,以此保持自己的优越感。这些孩子乐于看着比自己层次低的孩子从他们那里寻求关注,他们也会适当给他们一点认可,用来保持追随者的簇拥。然而,他们不会与自己认为层次低的孩子交朋友,他们觉得那样做会有损于自己的形象。乞求这类孩子的施舍,简直就如同戕害自己的灵魂。

与其努力结交学校里的明星人物,不如让孩子和兴趣相同的孩子交朋友。研究发现,孩子愿意友善地对待那些和自己有共同点的人(Rubin et al.,2015)。最重要的共同点,是他们有共同喜欢做的事情。通过与他人一起做有趣的事情,孩子可以交到朋友。如果孩子与他人的共同点很少,甚至没有,那么他们不太可能交到朋友,或者很难维持朋友关系。

让孩子发现自己最喜欢的活动。这些兴趣爱好会自然而然地带来友谊。比如，如果孩子喜欢打篮球，那么打完球以后，可以和队友一起去吃冰激凌。如果孩子喜欢阅读，他可以在午饭时间和一个也喜欢阅读的同学聊聊自己最喜欢读的书。如果孩子现在还没有兴趣爱好，你可以引导孩子尝试一些有助于交友的新活动。你可以给孩子两个选择，让他自己选一个，或者让他自己另外想一个自己喜欢的活动项目。

先观察，再参与

对孩子来说，建立一对一的友谊关系，常常从群体活动开始。通常情况下，自卑的孩子是不愿意参与同伴活动的。其他孩子玩得热闹，他们虽然会看看，但是不会参与进去。有时候，他们觉得别人没有专门邀请他，就是不想带他一起玩。可是孩子很少会恳求别人一起玩，比如问："你愿意加入我们吗？"然而，自卑的孩子认为别人没有专门邀请他，就是不想和他玩。其实，最真实的情况可能是，其他孩子忙着玩闹，根本没想要不要带上谁一起玩。

有时候，自卑的孩子不敢主动接近其他孩子的小群体，因为担心自己会被其他孩子当众拒绝或者嘲笑。其实，如果孩子要想加入一个群体，根本就不用正式宣称自己要加入某个群体。研究者发现，在操场上活动的孩子中，那些能够顺利加入某个活动群体的孩子，通常不会引起他人的关注。这些孩子会观察某项活动中的其他孩子正在做什么，他们不会打断别人，只是一起参与跟着做就行了（Dodge et al., 1983）。

如果几个孩子在玩捉迷藏，你家孩子只要看明白哪个是捉人的，然后跟着一起跑，这样他就能参与到游戏里面去了。如果几个孩子在踢球，那么你家孩子只要接到踢过来的球，顺势加入正处在劣势的一队，他自然地就加入了游戏。如果几个孩子正在分组，那么你家孩子赶紧参与分组，就可以直接加入游戏了。

家长可以问问孩子，在课间休息时他们经常会做什么，哪些活动最容易参与，以及和孩子一起讨论一下，有什么办法可以先观察别人的活动，然后再参与进去。

通常来说，询问别人"我可以一起玩吗"并不是个好主意。这种做法会让他人关注到孩子，而且会打断对方的游戏。其他孩子需要停下来，转过身来看看你家孩子，然后再决定要不要带他玩。这既干扰了游戏，又给调皮捣蛋的孩子一个机会说："不行，不带你玩！"

研究表明，孩子更容易单独行动，或者加入四人及四人以上参与的活动（Putallaz and Wasserman，1989）。两三个在一起玩耍的孩子，关系会相对紧密，所以他们不太容易让其他人加入。

即使是受大家欢迎的孩子，偶尔也会被同伴拒绝。这种情况发生的时候，如果正在玩耍的孩子拒绝你家孩子加入，那么这时候让他不要争辩，只需要安静地走开，然后去找他人一起玩耍，或者过一段时间再回来问问这个群体，他是否可以加入。

有的孩子会抱怨说："其他孩子都不喜欢我想玩的游戏！"如果一群孩子正忙着进行一项活动，那么新加入的孩子很难劝说他们立即去做别的活动。此时，孩子需要先加入这个群体的活动，然后在游戏的间歇，孩子再提议是否可以开始一项新的活动。

如果年龄大一点儿的孩子想要加入一个群组活动，这通常意味着要参与大家的对话。"先观察再参与"的方法仍然是适用的。参与之前，你家孩子要先倾听和了解大家的情绪，思考这些正在聊天的孩子情绪是兴奋、生气，还是厌恶。这样在聊天时，你家孩子就可以用同样的情绪基调来表达看法。例如，如果别的孩子对一部新的电影很感兴趣，那么你家孩子可以问一个有趣的问题，或者给予热情的评论。如果其他孩子在抱怨食堂的食物，那么你家孩子也可以抱怨几句，或许再回想一下其他难吃的午餐。

也许你可以帮助孩子练习一下，如何在对话中和大家产生共鸣。你可以和孩子一起找几个常见的话题，通过聊天练习一下。设想，其他孩子正在谈论下面的事情，你家孩子应该怎么做？

- 其他孩子正在抱怨一项社会调查的课后作业。
- 其他孩子正在兴奋地谈论一支专业运动队的表现。
- 其他孩子正在担忧马上要举行的数学考试。
- 有一档电视节目被停播，其他孩子感到很失望。

与其他孩子产生共鸣，这并不是要让你家孩子撒谎，或者毫无主见地去附和他人。这样做只是为了注意和尊重他人的感受。比如，如果其他孩子正在抱怨社会调查的课后作业，你家孩子不应该欢快地说："我都做完了！太容易了！"这是对他人的嘲讽。你家孩子也不必假装还在费力地做作业，他可以这样说："是啊，查那些文献，真是太痛苦了！"这样的说法既诚实又富有同理心。

鼓励孩子结交良友

有时候，自卑的孩子会一直和坏朋友待在一起，因为他们觉得自己别无选择。例如，有的孩子会容忍某个朋友粗暴蛮横、尖酸刻薄的行为，甚至容忍别人冷落自己的行为。如果你家孩子遇到了这种情况，你可以和孩子一起进行反思，一起想想和那样的朋友在一起是什么样的感受。这样的反思是非常必要的。虽然每段友谊都会有不顺利的时候，但是如果你家孩子和某个孩子在一起时，经常感到伤心和气愤，那么很可能需要重新权衡这段友谊。

有时候，对于某些友谊，需要家长做一些限制。当朋友表现友好，你家孩子可以和他一起玩，如果对方行为恶劣，那么你家孩子需要直接指出来。你可以让孩子平静地告诉对方："我不喜欢你这么做！""现在轮到我了！"如果那个朋友置若罔闻，那么你家孩子应该走开，离他远点儿。纵容恶劣行为，只会让恶劣行为继续下去。

如果对方的恶劣行为很严重，并且持续不断，你家孩子直接指出来也无济于事，那么你家孩子应该立即放弃这段关系，因为这不是友谊。朋友之间应当互相关心，友善相待。

放弃一段不健康的关系所带来的不确定感会让人感到恐惧。没有人希望自己被孤立，因此孩子宁愿纠缠于一段熟悉而痛苦的关系中，也不愿意在未知领域中冒险。当你家孩子可能深陷于一段不健康的关系，又无法摆脱这段关系带来的折磨时，最好的办法是让孩子花时间和精力，去培养一段新的友谊。

你可以创造机会让孩子和别的孩子一起玩耍。具体说来，你可以让孩子参加新的活动，或者邀请新的朋友来家里玩。你可以让孩子列个清单，问问他想和哪些孩子交朋友，清单中可以包括那些和他聊过天的孩子、一起做过作业的孩子、邻居家的孩子，或者有共同兴趣爱好的孩子。

友谊需要慢慢培养

有时候，因为没有好朋友，自卑的孩子会感到难过。虽然他们身边也有对他们友好的人，但是这些人并不是那种能够与他们相互理解、相互支持的朋友。自卑的孩子可能非常羡慕那些身边有几个好朋友的孩子，同时觉得自己身边没有朋友，一定是自己哪里做错了。

你要告诉孩子，友谊不是找来的，而是需要慢慢建立的。如果孩子希望身边有好朋友，那他就需要花费时间和精力去培养友谊。

孩子之间深化友谊最重要的一个办法，就是放学后一起活动。自卑的孩子通常都害怕这么做。除非和对方很熟悉了，否则他们不敢请同学到家里来玩。可是，他们把交朋友这个过程弄颠倒了。因为只有请人一起玩，孩子之间才能彼此熟悉起来。如果你家孩子与某个孩子在一起曾经玩得很开心，那就可以请对方一起出去玩。

自卑的孩子总是关注自己的紧张感，这种做法会妨碍他们与人主动交往。他们会担心："如果我请别人来玩，别人拒绝了我的邀请，那怎么办？"实际上，对他人的邀请就是告诉对方："我喜欢你，我希望和你在一起！"找机会邀请别人一起玩耍，总有好处，没有害处。即使遭到了拒绝，实际上你家孩子也已经发出了乐于交友的信号，那个给予拒绝的孩子以后更有可能来邀请你家孩子。

你家孩子可以列出一串他希望邀请的孩子名单。这样的话，即使有一个孩子拒绝了，你家的孩子还可以联系他人。如果你家孩子邀请了对方三次，都遭到了拒绝，那或许是因为对方不想交朋友，下次就可以不再邀请他了。

一起参加某些活动，可以帮助孩子缓解刚开始时的紧张情绪，因为孩子不用担心一起玩耍时该做什么。在发出邀请的时候，你家孩子可以将活动安排告诉对方："你想和我一起看电影吗？""周六你想和我一起打保龄球吗？""你要来我家一起烤蛋糕吗？"当其他孩子来到家里的时候，你家孩子可以提供两个备选方案，然后问问对方："你想玩桌上冰球，还是想玩投篮的游戏？""你想下棋，还是想做手链？"

交一些不同类型的朋友，这个方法也很有用。不一定每个朋友都可以成为最好的朋友。孩子可以有一起开怀大笑的朋友，也可以有一起玩乐队的朋友，可以有一起做作业的朋友，还可以有一起参加夏令营的朋友。随着时间的推移，有的友谊会深化，有的则继续保持着比较随意的状态，或者继续维持着普通的朋友关系。亲密的朋友关系和随意的普通朋友关系，都是有价值的，都可以给孩子带来归属感，同时有助于孩子真正实现自我接纳。

总　　结

朋友在交往中常会碰到问题，然而自卑的孩子很容易认为这是因为自己处理朋友关系的能力低下。在他们结交朋友、维持友谊的过程中，他们的自我关注成了障碍。孩子与其关注自身的缺陷，不如避免各种令人反感的行为，在共同兴趣爱好的基础上，与朋友建立真正的联结。如果孩子想要加入他人的活动或者对话，那么最好的办法是先观察和聆听，然后在不打断他人的情况下，自然地融入活动。

我们前面讨论了"联结"，这是孩子真正实现自我接纳的第一个因素。我们还讨论了各种帮助孩子与父母、兄弟姐妹、朋友之间建立相互支持关系的方法。在第 6~7 章中，我们将讨论真正实现自我接纳的第二个因素"能力"，即乐于学习和掌握新技能的能力。第 6 章将着重讲解如何给那些遇到困难时容易放弃的孩子提供帮助。

实用要点

♣ 哪怕孩子只有一个喜欢自己的朋友，这也可以帮助孩子形成积极的自我评价，让他不再感到孤单，让他更积极地参加学校活动，更少遭受霸凌，更有能力应对困难。

♣ 对自卑的孩子来说，与其沉浸在被他人拒绝的感受中，不如想想："我能够为他人做点什么？"

♣ 采取宽容和开放的态度，放弃造成内向和自责的自我关注将有助于孩子培养真正的友谊，从而真正实现自我接纳。

♣ 对孩子来说，结交朋友和维护友谊的关键，不在于试图表现自己，而在于做一些大家喜欢一起参与的事情。

Kid Confidence

第三部分

能　力

第 6 章

Kid Confidence

这个我不会，我不玩了

"我讨厌足球！我不玩了！"莉拉大声说道，一下子把背包扔到了地上。

"你说什么呢？上周你不是还说喜欢踢足球吗？"爸爸问道。

"可我现在不喜欢了，我讨厌足球！我踢不好！今天贾米森教练还说我需要练习带球。"莉拉继续说。

"是这样啊，那好吧！"

"才不好呢，他讨厌我！"

"他肯定不讨厌你，莉拉，他是想帮你提高技术啊！"

"他说我需要更快一点，但是我不会！他让我练习的动作可难了，球队里我做得最差。"

"哦，今年是你参加校队第一年……坚持一下！多练习，你一定会越来越好的。"

"我不擅长踢球！我再也不踢球了！"莉拉嘟囔着。

莉拉和她爸爸进行的这次对话，对莉拉来说，就是在讨论她是不是太没用了。当教练纠正她的时候，她马上感到自己能力上有欠缺，于是产生了防卫心理：她开始讨厌足球，也觉得教练讨厌她。我们能看到她的失望和无助：她认为自己做不好，她觉得自己是全队最差的。因为她无法承受这种感觉，所以她想要放弃足球，远离这堆麻烦。

在莉拉爸爸的眼里，这次对话就是在平静客观地讨论"如何提高足球技能"。他尝试引导莉拉看到真实的情况，可是莉拉过度地纠结于自我关注和自我怀疑的情绪中，根本听不进去。

几乎每个家长都会和莉拉爸爸一样教导孩子：坚持，熟能生巧，努力就会提高。

可惜，莉拉这类孩子听不得这些教导。对这类孩子来说，要求他们付诸努力，或者温和的批评都会带来自我关注并产生痛苦，他们特别希望逃避这种情况。他们感到挫败，感到自己缺乏能力，并完全被这样的感受击倒，认定就是自己不够好。站在这样的角度，他们很自然的反应就是放弃。本章就是讨论如何让自卑的孩子消除自我怀疑，在挫折面前能够努力坚持。

坚毅品质与自我接纳的关系

自卑的孩子通常缺乏一种品质，这种品质被安吉拉·达克沃斯称之为"坚毅"，即"为了实现长远目标而表现出的毅力和热情"。是否具备坚毅品质，通常可以通过调查问卷进行测评。坚毅度高的人，通常会认同"我能够克服困难，解决我遇到的重大问题""我一旦开始某件事情，一定会坚持完成"这样的说法，而对于"我每隔几个月都会追求新的目标""我经常设立一个目标，但是后来追求了其他目标"这样的说法，他们很不认同（Duckworth et al., 2007）。在成年人中，坚毅度较高的人很少进行职业变动，接受正规教育的时间较长，而且大学的平均成绩也相对更好（Duckworth et al., 2007）。

达克沃斯和她的同事开展了许多研究项目，发现坚毅品质和青少年所取得的成绩密切相关。例如，在坚毅品质测试中得分较高的高中生，按时顺利毕业的可能性相应更高（Eskreis-Winkler et al., 2014）。在全美英语拼写大赛中，具有坚毅品质的选手的排名更靠前（Duckworth et al., 2007）。

有研究人员质疑坚毅品质的有用性以及对未来的预测能力（Credé, Tynan, and Harms, 2017）。然而，家长和老师都很喜欢坚毅品质这个说法。我们都希望自己的孩子就像《小火车头做到了》（*The Little Engine That Could*）里面的小火车头一样，铆足劲爬山坡，一边喊着"我能行"，一边光荣地爬上顶峰！

坚毅通常被视为一项个人素质，即每个人身上不同程度具备或者缺乏的东西。在有关坚毅品质的讨论中，总会或多或少带有一些道德说教的意味。坚毅被视为良好的品德，而缺乏毅力则被视为一个人的失败。从社会角度看，我们崇尚那些面对困难坚韧不拔的人，而对那些自我放弃的人会给予负面评价。

这种道德说教没有益处，尤其当说教对象是孩子的时候，更是如此。当孩子正处于不断变化和成长的过程中时，家长不应该告诉或者暗示他们："你很弱！你不好！你是个逃兵！"自卑的孩子本来已经觉得自己有所欠缺，这样的评价语气对他们尤其没有好处。

坚毅故事无法激励自卑的孩子。他们觉得这些故事要么和自己毫不相干，要么只是进一步印证了自己的能力低下。那些光辉的事迹只让与故事中人物相似的听众感到共鸣。当自卑的孩子听到那些克服了一切困难从而取得成功的故事时，他们会觉得："虽然别人可以做到，但是我不行，我是个失败者，我比自己预想的还要糟糕。"

人们将坚毅品质视为一种需要不断追求的性格特点，这相当于认为坚持不懈这样的做法是完美无缺的。然而事实上，这样的做法不一定正确。世界上确实存在着通才，也存在着专才。人们的兴趣不断地变化发展，这样的现象很正常。有时候，人们在找到适合自己的事情和工作之前，需要进行各种尝试。没有人能永远保持坚持不懈。在某些日子里，在某些情况下，坚持不懈确实相对容易些。当人们喜爱或者在乎某件事情时，相比于从事一件毫无意义或者被迫去做的事情，坚持做这件事绝对更容易些。当然，当事情变得棘手时，能够坚持下去对孩子来说是一项重要的技能。

孩子的坚毅品质

人们通常在教育背景下讨论孩子的坚毅品质，比如"演练数学题时，他需要更加坚毅"，但这样的话与坚毅品质本身无关。在2016年达克沃斯强调，坚毅品质中蕴含着个人自发的热爱，这种热爱能够支持人们坚持奋斗。达克沃斯的研究对象主要是高中及高中以上的学生。他们对于某些活动已经可以持续地付出努力，他们为了实现个人既定的目标，可以多年坚持不懈。

与高中及高中以上的学生相比，大多数的孩子可能长期以来尚未发现自己长远的兴趣爱好，也没有真正树立起自己长远的目标。他们年龄尚小，涉世不深，还无法进行这样深层的思考。他们或许会说"我长大了想当宇航员"，但我们不能当真，拿这个说法去要求他们。

在一些小事上，孩子是有能力设定长远目标的。这类目标包括：安照说明书搭建一个巨型的乐高模型，尽管他们之前已经弄砸了几次；投篮连中若干次，尽管已经投偏了好多次；读完一套书，尽管这套书还有好多本……坚持设定并实现这类个人目标，是孩子学习成长的好机会，也是孩子坚毅品质的表现，这为将来成人阶段形成坚毅品质奠定基础。那么，当孩子不得不从事一些他们不喜欢的事情时，情况会怎么样呢？

自卑的孩子遭遇了什么困境

在从事一项重要任务时，所有的孩子都需要学会在困难面前坚持不懈。这对任何人来说都不容易。当一件事情给人带来痛苦，人们会非常希望逃避。逃避痛苦是人们的天性。当我们刚刚放弃一件令人痛苦不堪的事情时，我们会感叹："啊！真好！一下子解脱了！"可惜，在人生的苦难面前，逃避的作用非常有限。

除了努力奋斗带来的痛苦，自卑的孩子还有另一层痛苦。他们认为自己需要努力奋斗，是由于自己能力低下。刻苦努力给他们带来了自我关注，自我关注产生痛苦，他们很想逃避这样的痛苦。在艰难困苦面前，他们清晰地意识到自己的无能，这让他们坚持下去非常困难。

想让自卑的孩子坚持到底，单纯靠教育他们意识到毅力和坚强的重要性是无效的。这么做只能让他们更深地陷入自我关注，强化他们无能的感受。虽然我们的用意是鼓舞孩子，但自卑的孩子收到的信息是："你就是这么差劲！"

我们不应该过于关注个性，既要告诉孩子应该有毅力，还要引导他们关注如何改进。我们需要帮助孩子理解挣扎的过程是暂时的，是他们正在成长，而不是他们能力低下、不可救药。这种做法能帮助自卑的孩子走出有害的自我评判。

培养成长型思维

要做到坚持不懈，孩子需要相信自己缺乏技能的状态只是暂时的。他们需要看到现状和目标之间的实现路径，而毅力会帮助他们不断进步。

在 2006 年，就"固定型思维和成长型思维"这个课题，卡罗尔·德韦克和她的同事进行了广泛的研究。拥有固定型思维的孩子认为他们一出生就具备了一定的能力，而且能力水平不再变化。如果他们表现好，说明他们具备相应的能力；如果他们没做好，说明他们缺乏某种能力，并且认为自己无法改进。固定型思维让孩子很容易放弃：如果他们没做好，或者学起来吃力，他们会觉得没必要坚持。他们觉得这已经是定论了，他们只会感到自己缺乏能力，只会看到自己的缺陷。

相反，具有成长型思维的孩子相信：自己只要继续尝试，不断得到反馈结果，学习新的方法，他们就会在各个方面越来越好。在他们眼里，表现不好只是一次失利，并不是最终的结局。

关于人为干预对成长型思维模式的影响程度、持续时间以及可复制性，有些研究人员提出过质疑（Li and Bates，2017；Orosz et al.，2017）。然而，很多研究将成长型思维模式与学生的表现及毅力相联系（Haimovitz and Dweck，2017）。虽然我们很难说服孩子在困难面前坚持不懈，但这也不意味着我们就应该放弃这种做法。

那么，我们如何能够让孩子接受成长型思维呢？"你应该有成长型思维！"这样的说教是无效的。对自卑的孩子来说，这种做法会带给他们更强烈的自我批判。他们会将这样的说教当作对他们自身的指责（你应该成为一个更好的人），而他们已经非常自责了。

提高自我接纳水平的方法

如果孩子过度关注自我表现，而非如何提高自己的能力，这相当于他们边跑边回头看。因为他们关注的方向错了，这让他们向前冲刺变得更加困难，也更容易跌倒。

帮助孩子接受成长型思维的一个办法，就是降低目标的重要性，让这件事不会显得不堪重负。当我们降低了努力奋斗可能带来的风险和痛苦时，孩子的自我关注度就有可能有所缓解，这有助于他们克服逃避心理，有机会体验到毅力带来的回报。

遇到困难依旧坚持尝试，这需要勇气。这需要放手一搏，要相信持续不断的努力会让困难变得越来越简单，并最终得以克服。只有多次经历之后，孩子才能确立努力可以带来成功的信念。

为了做到坚韧不拔，孩子需要：

1. 学会管理情绪，例如管理灰心失望的情绪。
2. 拥有通过不懈努力取得进步的经历。
3. 树立对自己具有意义的目标。

下面这些实用的方法，可以帮助孩子做到上面几点。

帮助孩子应对灰心失望

当孩子打算放弃的时候，对于父母来说，压力最大的事情是如何面对孩子的灰心失望。这种时候，自卑的孩子的失望情绪会非常强烈。他们的自我关注给他们带来了极大的痛苦，他们非常希望逃避。帮助孩子学会应对这种情绪，有助于培养孩子坚韧不拔的品质。

处理问题前先承认负面感受

成年人通常会忽略孩子的情绪，而直接给出解决的办法。可是，孩子仍然沉浸在原来的情绪中，不能自拔。当自卑的孩子感到灰心失望时，我们不能只给予口头鼓励，说："你能做到！"因为孩子只会更坚决地回应："这件事我做不好！我什么都做不好！"

认可孩子当下的感受，可以让我们与孩子站在同一条战线上。在孩子倾听和思考可行的办法之前，这是关键的一步。将孩子的感受用语言表达出来，可以让这些情绪听起来易于理解，也更易于控制。"我感觉很糟糕，我真差劲"是一种笼统的感受，而对孩子来说，一种具体的感受更容易应付。

当然，我们不是要对孩子的自我评价表示赞同。只是，我们可以说一些话，例如：

♣ 你对……感到很灰心。
♣ 当……发生的时候，你觉得很没面子。
♣ 你这会儿觉得做……很吃力。

可以试着使用一些限定词，例如"现在这个时候""在那种情况下"，这能将孩子的感受与一些临时性的情况联系在一起。在孩子深陷自责之时，这样的方式能够让孩子感受到你的同理心。使用这样的限定词，能够缓和地告诉孩子：这样的感受不会一直存在，因此看起来也会更容易应对。

学习中的刻苦努力和起起伏伏都是常态

自卑的孩子惧怕焦虑感和不适感。他们认为，情绪低落意味着他们有缺点或者能力欠缺。他们会尽量回避那些带给他们焦虑感和不适感的活动。他们还无法理解，当人们开始从事新的或者困难的事情时，内心焦虑是正常现象。我们只有坚持自己正在从事的事情，才能不断减轻焦虑感。

我们可以给孩子举例说明这个观点，例如骑自行车。我们期待下坡路，那就一定会有上坡路。上坡是困难的，然而其好处在于一旦到达了顶点，我们就可以从山顶轻松地向下滑行。在学习新技能的过程中，只要孩子坚持不懈地努力，他们就会感受到事情变得越来越简单，越来越有趣。你家孩子可以举出类似的例子吗？这包括学会一段新的乐曲，掌握某项体育技能，或者学会解答某一类数学题。

一旦孩子理解了这个比喻，在孩子遇到困难的时候，你就可以鼓励他坚持下去。你可以这样说："你现在正在上坡呢！坚持住，你马上就要下坡了，马上就会感到轻松了。"

把自己的奋斗过程讲给孩子听

孩子眼中的成年人似乎一直很强大。家长将自己的奋斗经历与孩子分享，可以帮助孩子从一时的失望中抬起头来，看得更远。

如果你要这样做，你需要尽可能地语气和缓。如果你强调的是当时的困境，而不是自己付出的努力，这会让孩子误以为当时的情境是注定的、无法改变的。例如，你说"我不擅长拼写单词"，孩子就可能会在心里认定他这周的词汇拼写练习无法完成了。另外，你不要暗示孩子："我能克服困难，你怎么就不能呢？"在分享的过程中，如果你过于渲染自己的光辉形象，孩子可能会觉得"看来还是我自己不够好"。

为了让孩子看到希望，你需要和孩子并肩同行，同甘共苦。分享的重点是：你曾经有过类似的奋斗经历，帮助孩子相信他们自己也能克服困难。比如，你可以说："学习长除法的时候，我也觉得挺难的，掌握其计算窍门，真是不容易。可是只要继续练习，你一定会觉得越来越简单。"

让孩子不要与他人比较

自卑的孩子会只注意到自己的努力，总以为别人可以轻而易举、毫不费力地做成事情。将自己与他人做比较对孩子毫无益处，只会让他们产生"只有我做不好"的感受，从而加重他们因自我关注而带来的负面情绪。

一定会有些孩子比你家孩子更好、更快、更聪明，可是这又有何妨呢？别人如何，与你无关。你家孩子只能控制他自己的行为。

别人背后的努力不一定总会让你看到。从表面上看，别的孩子就像一只天鹅，优雅地滑过水面，然而在水面以下，或许他们正在疯狂地划水。

给予有效的表扬

人们凭直觉认为，表扬孩子能让孩子增强自信心。然而研究表明，表扬有时候也会造成意想不到的后果（Brummelman，Crocker，and Bushman，2016）。有时候，表扬可以帮助孩子认识到自己的能力，并且乐于接受挑战，但也有些时候，适得其反，表扬会让孩子不愿意尝试更具挑战性的任务。对于有效表扬，我们的认识如下。

1. 有效的表扬是真诚的表扬，是孩子通过实际的行为赢得的。

当表扬能够反映孩子真正的成绩或进步时，对他们一来说才格外有意义。如果孩子没有付出特别的努力，而家长表扬孩子刻苦努力，这就显得虚伪和矫情了。如果看到孩子表现平平的时候，家长也赞扬说"做得好"，那么孩子心里会觉得"他以为这就是我的最佳表现了"；如果别的孩子做得差不多，没有得到表扬甚至受到了批评，那么孩子更有可能产生这样的想法（Meyer，1992）。这样一来，"做得好"这样的表扬更像是个安慰奖，意思是说以你有限的能力，做成这样已经很好了。对于孩子提高自信，这显然毫无益处。如果你想让你给予的表扬发挥作用，那就不要就一些无足轻重的琐事给予表扬。试想，你对孩子说："太棒了，你都能挠自己的胳膊肘了！"这种话无法帮助孩子对自己的能力感到自信。

2. 有效的表扬不能夸大其词。

对于自卑的孩子，人们很容易给予他们夸张的赞扬，来平复他们失落的心情。然而，这样做往往适得其反（Brummelman, Crocker, and Bushman, 2016）。自卑的孩子不会相信夸张的赞扬，因为这离他们对自己的认识相去甚远。这会给他们带来不必要的压力，无形中给他们传递了这样的信息："你必须保持优秀的表现！"在将来遭遇困难或者失败的时候，这会让他们觉得自己很无能。对于自卑的孩子，相对较好的做法是：给他们提供一些简单的、积极的反馈意见，认可他们在某些具体方面取得的明显成绩（O'Mara et al., 2006）。比如，你可以对孩子说："你做到了！""你每道题都做对了，看来你真的理解了这个概念！"追问具体的过程，可能也会有所帮助，比如你可以问问孩子："你是用什么方法做到的？"如果孩子回答"我也不知道"或者"碰运气"，你可以说："我看你周末就开始准备，这个事情你花了不少时间。""我看你把辅导书里面的题都做完了""你可以再想想用什么方法做到的，因为这个方法确实很有用。"

3. 有效的表扬要针对可控的因素。

努力和办法都是孩子可以掌控的，而他无法掌控天生的能力。如果家长夸奖的是孩子天生的能力，那就相当于暗示孩子：不用努力也可以获得成功，一旦遇到困难就要放弃。这类表扬和孩子缺乏意志力息息相关（Henderlong and Lepper, 2002）。在一项研究中，针对有着8~12岁孩子的妈妈，研究人员每10天进行一次走访，询问其对孩子的学习表现（作业、测验等）的反应（Pomerantz and Kempner, 2013）。研究人员询问这些妈妈，她们是针对孩子自身素质给予表扬（"你真聪明""你真是个好孩子"），还是针对孩子的行为过程给予表扬（"你很努力""你一定非常喜欢做作业"）。针对孩子自身素质的表扬，妈妈给予得越多，孩子就越会觉得智力水平是不可变的，6个月之后，其孩子在学校倾向于逃避有难度的学习任务。然而，针对行为过程的表扬没有带来这样的负面影响。针对行为过程对孩子进行表扬，要将孩子实现目标的过程描述出来，比如你可以说："数字7的乘法表挺难的，但是你坚持练习，现在已经掌握得很好了。""你先分析主题再做历史展板，这是个很好的主意。因为你理解了老师真正的要求，所以做起来效率特别高！"

4. 有效的表扬针对的是孩子取得的进步，而不是与他人比较。

"你是最棒的"这样的夸奖是有风险的，因为情况总在不断变化，而且这样的表扬容易引起孩子的焦虑，孩子会想："我真的是最棒的吗？万一我不再是最棒的就糟糕了！"另外，这样的表扬会导致孩子的完美主义倾向，因为这种表扬给了孩子暗示——只有第一名才有价值。将关注点放在孩子取得的进步上，这会给孩子带来希望（见第3章）。你可以这样说："知道你自由泳的速度提高了多少吗？你现在比刚开始学的时候快太多了！我觉得你的训练没有白费，的确很有效果！""太动听了！我非常喜欢你刚才弹奏的那首曲子。中间的那一段，你上周弹的时候还很吃力，现在你已经完全掌握了。"

有效的方法加上刻苦努力就能成功

虽然成年人经常向孩子灌输刻苦努力的重要性，但是自卑的孩子还不明白或者还没有体会到努力和成功之间的联系。对他们来说，这样的教导听起来像是在说"你就应该经受折磨"。在他们看来，越是需要坚持努力，越是证明自己低能，这会进一步加重消极的自我关注。我们需要帮助他们把关注点放在具体任务上，而不是放在自身的评价上，要创造机会让他们体验到努力就会带来回报。

选择有效方法，摆脱无效努力

单纯依靠努力并不能够确保成功。"虽然我已经连续学习几个小时了，但是完全没用！"我们经常听见孩子这样的抱怨。如果孩子努力也没有结果，他们很容易认为所有的努力都毫无用处。自卑的孩子更甚，他们会认为："努力没有用，因为我什么都做不好！"

不讲方法的努力，不能带来良好的效果，还容易让人灰心失望。为了避免这种无效努力，在孩子开始一件重要的事情之前，家长应该帮助孩子想好做事的方法，比如：这件事情是否有分级打分体系？这套分级打分体系的重点是什么？老师有没有告诉孩子努力的重点是什么？在开始行动时，关注方法会让孩子做事情时更加从容，也能帮助他们取得更好的结果。这比事后批评要有效得多。家长对孩子已完成的作业挑错时，孩子时常崩溃。

对于一项大的任务，如果老师没有将其分解成几个步骤，那么你可以帮助孩子进行步骤分解。让孩子描述一下最终需要呈现的结果是什么，然后说一说下面一步是什么，再下一步又是什么。让孩子看到整个任务的全景，也能帮助孩子进行步骤分解。例如，如果孩子需要做一个关于中国的短片，那么让他想一想：最终需要呈现的结果是什么样子？如果要达成这个结果，需要哪些步骤？关于中国的视频，可能会用到一张地图，那么这张地图是自己画，还是用一张现成的地图图片？这段视频还需要有一段解说词，那解说词要谈哪些话题，解说词的听众是谁？这段视频还需要一些数据，那孩子从哪里能找到相关的数据？

如果孩子面临一次重要的考试，那么家长一定要帮助孩子采取正确的备考方法。孩子不是天生就懂得如何有效地学习，因此教会孩子有效的学习方法和记忆方法，可以避免他们付出无效的努力，帮助他们节省很多精力。研究表明，准备考试最好的办法，就是直接练习考试的内容（Dunlosky et al., 2013）。例如，数学考试需要解数学题，除了直接上手解题，其他任何方法（看笔记、观摩别人解题等）对备考都没有帮助。

关注做事的方法，这可以帮助自卑的孩子将注意力从消耗能量的自我批评转移到努力完成任务的方向上来。这样，他们的努力才更有可能取得成功。

关注每个微小的进步，让孩子看到进步

让孩子看到进步，他们才更有可能坚持下去。帮助孩子达成一些容易做到的小目标，这可以帮助孩子获得前进的动力。

如果孩子觉得在泳池中游完全程太长，那么家长可以帮他设定目标——游半程。当孩子能轻松地游半程时，家长可以帮他设定下一个目标——游 3/4 程。当孩子能轻松地游 3/4 程时，游完全程也就不那么困难了。

与此类似，如果孩子练习乐器演奏，你可以让孩子先练习一个小节，当他感觉轻松了，再开始下一部分的练习。循序渐进的方式，能够帮助孩子提高能力，增强信心。

孩子取得的每一次微小的进步，都会给他们带来希望。然而，你要注意别走极端，不要帮孩子写作业。你可以鼓励孩子，可以引导他，但是你不能越俎代庖替他做。一旦你开始帮孩子做作业，他会觉得写作业不是他自己的事。对自卑的孩子来说，这样的做法更糟糕，你替他写作业，这实际上向他传达了一个错误的信息：你太差了，如果我不替你做，你自己都无法完成作业！

孩子的能力必须通过自身努力才能得到提高。我们可以将孩子能力提

升的目标分解到足够小，这样做能让他们不至于害怕。孩子也更容易通过这一点点的进步积累信心。

讲述孩子通过努力取得成功的故事

作为父母，我们能够影响孩子最重要的一个方法，就是讲述孩子的故事。如果我们讲述的是孩子逃避困难的故事，那么在将来，孩子就会出现更多的逃避行为。如果我们讲述的是孩子通过自己的刻苦努力最终取得成功的故事，那么孩子就会受到鼓励，在将来继续坚持不懈地努力。

在自卑的孩子看来，努力的过程是自己学习能力或者行为能力低下的信号。这个信号告诉他们应该放弃。对于他们眼前碰到的困难，你可以告诉他们，这是在以往坚持不懈地克服困难之后，又遇到的一个挑战而已。比如，你可以对孩子说："我记得你学骑自行车的时候，总是从自行车上摔下来，但是你没有放弃。现在你已经可以在小区里很轻松地骑行了！"

这样的故事可以加深孩子对通过努力取得成功的理解，有助于让孩子相信，只要坚持努力，一定可以克服眼前的困难，并最终取得成功。要经常讲这样的故事，而不要等到孩子灰心失望的时候才提起。

强调孩子今昔情况的对比

将孩子的现状和他们以前的状况做比较，可以让孩子看到自己并非停滞不前。如果孩子通过比较看到自己明显的进步，这样的效果最好。拿出旧相册，或者播放以前的视频片段，或者翻看以前保存下来的有意思的家庭作业，这些做法都有帮助。即使只是翻看一下之前的课本，也会对孩子有所帮助。

这样做的目的是让孩子能够看到自身的进步，坚定他们学习和成长的信念。让孩子看到以前的自己，这可以帮助他们放下对自己的负面评价，因为这可以让孩子意识到，目前的困难是暂时的，是漫长旅途中的一个点而已，他们还需要继续坚持下去。

引导孩子设立有现实意义的目标

和成年人相比，孩子的自由度更小。他们通常需要按成年人的要求做事。然而，在可允许的范围内，我们应该支持孩子选择一些在他们看来重要的目标。这能让孩子更愿意付出努力，而且通过与更强大的目标建立联系，他们更容易脱离自我关注的状态。

选择孩子有优势的活动项目

每个人都有自己的优势和劣势。发挥自己的优势，绝对比弥补自己的弱点更令人开心。尽管大多数技能都可以通过我们不断地练习和反馈得以提高，但是当我们将精力集中在擅长的领域时，会更容易取得成绩。

很可惜，自卑的孩子不太容易找到自己的优势，他们甚至会觉得自己就没有优势。要改变这种想法，其中一个办法是让孩子在网上做一套青少年优势行动价值问卷（VIA Inventory of Strengths for Youth）。这个问卷可以帮助10～17岁的孩子在24种选项中，发现他们自身的特长和优势。对于不到10岁的孩子，家长可以参考优势能力列表，看看哪一项最符合自己孩子的特点。这些优势选项包括：感恩、希望、热情、好奇、公平、幽默和爱（Park and Peterson，2006）。特长和优势并不是指在某一方面做到全世界最强，而要指受测试人员最重要的个性特征。让孩子发挥特长优势，这会让孩子感到自己有能力，心里更轻松，也更乐于与他人建立联结（Park and Peterson，2008）。

在平时轻松随意的情况下，你可以根据自己对孩子的了解，引导孩子去尝试可能适合他的活动项目。假如孩子不喜欢踢足球、打篮球这些群体性的体育项目，你可以看看他是否喜欢一些小众的体育项目，例如击剑、瑜伽、巴吞鲁艺术体操、潜水。如果孩子不喜欢体育运动，那么也许无人机俱乐部、艺术班、摄影班、教堂唱诗班会更合适孩子。

如果孩子什么都不愿意尝试，那该怎么办？你可以主动选两个自己觉得适合孩子参加的项目，然后让孩子选择其中一个，先尝试坚持一段时间看看情况。让孩子从简单的活动开始，比如让孩子暑假参加短期的入门级兴趣班，或者在当地参加基督教青年会举办的每周一次的活动，通过接触，让孩子看看自己是否还有兴趣继续深入。

你可能需要尝试很多次，才能找到真正适合自家孩子的活动。关键在于要找到一些活动项目，孩子愿意坚持一段时间，同时看到自己在不断进步。当孩子从事和自己的优势相匹配的项目时，他们会感到快乐并能够坚持不懈。这会带给孩子更多的快乐，帮助他们增强毅力、提升能力。

帮助孩子选择一名导师或一个合适的团队

在孩子眼里，总有一些人对他们很重要，通过这些人来鼓励孩子遇到困难时坚持不懈，通常是最好的方法。与这些人建立联结，可以帮助孩子消除在学习过程中痛苦的自我关注。

一名好的导师会给予孩子极大的鼓励。导师通常不会是孩子的父母，或者其他的直系家庭成员。父母和其他的家庭成员，与孩子的关系太过亲近。对孩子来说，一个不相干的外人给予他们关爱，这样的感觉很不一样。为孩子寻求可以鼓舞他们的导师，你可以放开去想。合唱团的指挥、志愿者的领队、孩子最喜爱的阿姨、一名教练或者辅导员等都有可能给予孩子力量，鼓舞他们坚持不懈。

加入一个群体或者一个团队，这种方法也可以帮助孩子在遇到困难的时候坚持下去，因为孩子不希望让周围的人失望。这里的团队并不一定是体育运动队。团队的目的是让孩子感受到他们融入并属于一个更大的群体。

给孩子一个学习的理由

对于孩子从事的事情和做事的方法，家长可以给孩子提供一些选择，这样孩子会更加主动。如果做不到，帮助孩子找到做事的意义，也能够帮助他们树立目标并为之坚持不懈。对于为什么要做那些"愚蠢的"作业，面对咨询者和自己的孩子，我给出的理由是：学校生活会教给我们两样东西，即事实和方法。通常，事实是指我们学习的具体内容，例如月亮的月相通常有四个阶段，美国内战由五个因素所促成。对于这类内容，虽然大部分人学了就忘，但是没有关系，它们只是作为工具，帮助我们掌握有效的学习方法，而掌握方法需要过程。采取什么样的方法可以提高写作业的效率？用什么样的方法可以理解老板真正需要什么？用什么方法可以与别人更好地合作？习得了这些方法，我们将受益终生。

对于孩子的进步，不要给予金钱奖励

有时候，如果孩子表现良好，那么父母会非常愿意给予物质奖励。比如，看到孩子成绩单上得了A，或者在足球比赛中进了球，家长会给孩子一些钱或者玩具。这样做不太好。金钱奖励是一种外部的激励因素，能够在短时间内激发出孩子的热情和进取心。然而，这种做法无法帮助孩子形成内驱力，而内驱力才是促使孩子长期坚持不懈的因素。

有时候，物质奖励会起反作用。研究表明，家长对于孩子自己完成的事情给予奖励，在奖励停止之后，孩子做事情的意愿会降低（Lepper and Henderlong，2000）。对孩子来说，给予奖励意味着，只有给我奖励，这件事才值得去做。

成年人给予孩子奖励，通常是因为他们觉得如果对孩子的表现关心不足，会导致孩子表现欠佳。然而，提供奖励并不能教会孩子如何做事情。无论奖励多有吸引力，如果孩子缺乏必要的技能，那么他们的表现不会太好。在无法赢得奖励的时候，自卑的孩子会更加垂头丧气。

能力的提升本身就是奖励。能把事情做好，会给人带来成就感。在孩子认为重要的事情上，更有效的方法是：家长帮助他们提升真正的技能，而不是给予孩子物质奖励。

懂得要求孩子何时坚持、何时放弃

童年意味着探索，不要指望孩子能够立刻找到自己长久的兴趣所在。通过尝试不同的活动，孩子能够有机会掌握不同的技能，同时了解自己。当孩子打算放弃一项活动的时候，家长通常会左右为难，不知是否应该让孩子继续坚持。对于这一点，我们没有固定的规则可以参考。然而，针对以下这些问题，我们可以帮助你做出决定。

1. 孩子是否确实已经努力尝试过？

对一项新的活动来说，孩子学习的最好方法是循序渐进，比如让孩子先开始坚持一周、一个月，或者一个季度。有些活动需要坚持更长的时间才能够掌握。你可以提前想清楚：孩子做到哪些事情，就说明他们已经努力尝试过了。给孩子提供一个适当的学习环境也很重要。我曾经带孩子去见一位音乐老师，这位老师坚持认为孩子在学习音乐的头两年时间内只需要练习音阶。这说明他根本不了解孩子以及孩子的学习愿望。第一次试课之后，我们没有再去上课。因为孩子和我约定，在音乐学习上要花一年的时间进行尝试，所以我们找到了另一个更好的音乐老师。

2. 继续坚持，孩子能否有机会成功？

一项活动，如果孩子无论怎样坚持也不能取得成功，那么让孩子继续坚持就毫无意义。我的一个孩子曾经参加爱尔兰舞蹈课，我们发现她的节奏感不好，完全跟不上节奏。尝试一年之后，她说不想继续学了，我立刻就同意了。

3. 孩子对某项活动的抵触情绪是否严重？

如果孩子只是嘟嘟囔囔，而没有严重的抵触情绪，那么让孩子坚持到某个阶段结束，应该不成问题。这一点，我们可以根据孩子活动结束后的情绪表现进行判断，而不要根据孩子活动前的语言表现来判断。在活动开始之前，孩子可能会有点儿磨蹭，这种情况非常正常。如果孩子在活动结束之后的回家路上情绪不错，这更能体现他的真实感受较好。

4. 如果孩子放弃了某项活动，这是否会给他人带来不良影响？

除了孩子自己的感受，家长还需要考虑，如果孩子放弃了某项活动是否会给他人带来影响。有时候，为了不让更多人受到影响，孩子需要忍受一下暂时的困难。有时候，为了所有人都不受影响，孩子也需要继续坚持下去。

总　　结

自卑的孩子容易放弃，因为他们把努力的过程看成自己低能的信号。他们受困于负面的自我关注，总是告诉自己："我不够好，我做不到，我真是没救了。"

帮助孩子培养坚毅品质，这不是一件轻而易举的事。"坚持，再坚持"这样的说教，只能让孩子感到自身的不足。家长应该跟孩子强调：灰心失望的情况是正常的，也是暂时的。找机会让孩子明白：自身的努力加上有效的方法才会带来积极的结果。当孩子认识到事情有价值时，他们才会有毅力坚持下去。

自卑的孩子最让人感到痛心的问题是，他们有着过度自责的倾向。在下一章中，我们会对此进行讲解。

> ### 实用要点
>
> ♣ 孩子需要树立适合自己的目标，从而磨炼他们的坚毅品质。
>
> ♣ 要让自卑的孩子学会坚持不懈，就需要帮助他们掌握有效的学习方法，而不能仅仅告诉他们需要坚毅。
>
> ♣ 对于努力和回报之间的关系，孩子需要通过学习和经历才能理解。如果孩子从来没有体验过努力带来的回报，那么他们很难坚持不懈地进行尝试。
>
> ♣ 给孩子找到一名导师，或者让孩子加入团队，或者帮助孩子找到感兴趣的领域等做法可以帮助自卑的孩子走出自我关注的困境，并付诸努力。

第 7 章
Kid Confidence

我还是不够好

"哎呀！不好了！我把颜料滴在画上了，现在整幅画都毁掉了！"詹姆斯抱怨道。

"詹姆斯，让我看看发生了什么事情。哦，没关系的。那一滴颜料几乎看不到。你可以不理它，直接用颜料盖住就可以了。"美术老师斯坦纳夫人说道。

"不行的！已经全都搞砸了！我本来打算在这儿画一只鸟，如果用颜料盖住，鸟的身体就显得太尖了。"詹姆斯坚持道。

"那把这部分改成树枝怎么样？"

"不好，那样看起来太难看了！"

"那把鸟剪下来贴到另外一张纸上，就像拼贴画，你觉得怎么样？"

"不好！那样的话，这幅画就太难看了！"詹姆斯哭了起来，看起来更难过了，"我要把它全撕了！"

"真的吗？詹姆斯，这幅画你画了很长时间。我觉得画得挺好的，不需要太完美的。你看，天空画得很好，我很喜欢你画的树叶和草。"斯坦纳夫人称赞道。

"可是，我怎么把颜料滴上去了呢？"詹姆斯流着眼泪说，"全都搞砸了！我太笨了！我怎么什么都做不好！"

在画画的过程中，詹姆斯出了差错。尽管老师安慰了他，还给了他一些建议，但是他仍然坚持认为整幅画都被毁掉了。实际上，老师的话不仅没有消除詹姆斯的沮丧情绪，反而让他感到更加难过。他完全听不进老师的劝慰。开始时，他觉得一幅画都被毁掉了，后来就直接认定自己低能。

有一点极具讽刺意味，即自我接纳与客观表现几乎没有关联。无论是孩子还是成年人，即使他们表面上看起来能力很强，成绩不错，但是他们同样可能会极度自责，深陷于一种无能的感受中。他们不仅给自己的压力很大，而且给自己设定的目标几乎无法达到。一旦目标没有达到，他们就会完全崩溃。他们通过无休止地追求成绩，来支撑自身的价值感。同时，他们又对自己的成绩永不满足。失败让他们感到极其屈辱，成功只能暂时缓解他们沉重的无能感。在他们看来，任何成绩都只是为了将来表现所做的铺垫。无论做什么，他们都觉得不满意。与第 6 章中谈到的那些不愿付出努力的自卑孩子相比，这类孩子残酷地压迫自己，不停地自我批评。这样苛刻的自我批评，不仅会给孩子带来了极大的痛苦，而且可能造成抑郁，甚至导致更严重的后果（Kopala-Sibley et al., 2015）。

自我苛责的成因

是什么原因造成了自我苛责呢？当然，有一些父母对孩子的批评过于严厉，甚至带有虐待倾向，给孩子带来了内心的伤害。他们给孩子的认可极少，甚至让孩子觉得自己不配获得父母的爱。当孩子将受批评的感受内化到自己身上时，就形成了他们的自我苛责倾向（Blatt，1974，2004）。然而，我在执业过程中看到的情况是，绝大多数父母对孩子自责的做法都很担心，也感到伤心。当听到孩子自责的话语时，父母会卖力地帮孩子辩解，而这反倒引发了孩子更严重的自责。

有些自卑的孩子可能会对父母平常的批评过度敏感，并将这种批评转化为自我苛责。其他孩子可能因为被同伴排斥而过度自责，甚至自我仇视（Kopala-Sibley et al.，2013）。表现不好，或者在学业及其他方面遭受失败，这些都会让孩子陷入长时间的自责。然而，表现良好的孩子同样会产生自责心理，也会担心无法保持自己的声誉（Damian et al.，2017）。压力事件会让孩子陷入自责，比如父母离异的孩子通常会将父母离异归咎于自己，部分原因在于——与无力控制的负面事件相比，觉得自己"不够好"让孩子更容易接受。

抚平自责情绪

一旦自责成为习惯，便很难发生改变。孩子对自责的做法会非常坚持。他们相信自责是一种美德，或者认为自我攻击是一种需要。他们可能会认为自己满身缺点，自责是应该的。他们把自责当成一种自我惩罚的手段。他们也可能在别人批评他们之前，先主动地进行自我批评：如果他们已经把自己撕得粉碎，别人谁还有必要再指责他们呢？或许他们认为残忍地对待自己，是鞭策自己走向成功的唯一途径。他们会觉得，如果不对自己狠一点，自己可能会懒惰，以至于一事无成。

虽然我们希望自己的孩子积极上进，但是这种极端的自我批评对孩子的表现带来的是伤害，而不是帮助。当孩子采取恰当的努力方式，他们会感到精神鼓舞、活力充沛。自我苛责只能让孩子感到绝望、无力和疲惫。

打破孩子自责的习惯需要父母温柔以待、耐心关怀。下面我会针对如何帮助孩子避免自我攻击、应对竞争和考试、善待自我的方法进行讲解。

提高自我接纳水平的方法

为了帮助自卑的孩子走出有害的自我批评，我们需要解决他们对自己的那些负面评价。更重要的是，我们需要帮助他们改变对这些负面评价的看法，以及当再次面对可能引发自责行为的情况时，他们知道如何更好地处理。下面这些办法，可以帮助家长引导孩子走出自责的痛苦。

缓解和防范自我攻击

面对自卑的孩子，家长最需要做的是学会如何对待孩子的自我攻击行为（例如自责）。如果家长对孩子的自责反应过激，那么这可能会引发孩子更强烈的自责，并且让孩子意识到自责具有强大的力量。他们甚至会把自责看成一种能够获得安慰的有效手段。然而，我们对孩子的肯定和认可，这时候已经无法真正帮助到孩子。我们越是说"你真是个好孩子"，那些自卑的孩子越会争辩道："我是世界上最糟糕的孩子！"

自卑的孩子深陷自我折磨之中。他们完全沉浸在（想象中的）自我不足当中，视野中完全无法看到其他事情。孩子只有从这种极其负面的自我关注中抽身出来，才可以从更多维度看待自己的错误。

应对过度的自我批评

当看到孩子情绪低落的时候,如果替孩子辩解会适得其反,那么我们又该如何做呢?我们先要认同孩子自责背后的情绪,比如可以对孩子说:

"你对……很沮丧。"

"你对……很失望。"

"你担心……"

"你感到灰心,因为……"

"你希望……"

当你关注的是孩子的感受,而不是对这件事情如何评价的时候,你就会和伤心失望的孩子站在一起,给予他理解,缓解他的压力。这样做还可以让孩子对自己当前的感受有所认识,清楚地认识到负面感受不一定意味着要对自己做出终局的全盘否定。你也可以给孩子一个温暖的拥抱。拥抱代表着安慰和接纳,与孩子针对自己的指责完全相反。

如果你花了很长的时间,采用了多种方式对孩子的感受表示认同,可是孩子的自责却越发地严苛,那该怎么办呢?在某些时候,你可以明确地划出一条底线:"你总是这么说我所喜爱的孩子,这可不行!"这就清晰地表明你不喜欢这些说法,也不想再争辩了。如果孩子就连你是否爱他也要争辩,那你该怎么办呢?比如孩子说:"你就不该爱我,我什么都做不好!"这时候你只要重复:"你总是这么说我所喜爱的孩子,这可不行!"

这里提醒一句,如果你对孩子这样说,以后碰到类似的情况,孩子也会说同样的话。我的一个同事,有一次犯了点小错,然后大声说:"哎呀,我太蠢了!"她的女儿听到后就说:"你这么说我所喜爱的人,这可不行!"这位妈妈听到后,笑着说:"你说得对极了!"

采用符合实际的标准

在自我评价的时候，自卑的孩子只考虑两个极端：要么完美，要么一文不值。如果他们的做法不完美，那么一定一文不值。实际上，这就是个陷阱，因为完美的情况几乎不存在。伏尔泰曾经说过："完美是优秀的敌人。"你的孩子能理解这句话的含义吗？执着于完美，可能会阻碍孩子去开始一件事情，或者完成一件事情。这样的做法必然会减少创新所需要的冒险精神和创新所带来的乐趣。

如果你家孩子对开始或者完成一个项目感到焦虑，那么你可以和他谈一谈，一个看起来"好的""还可以的"项目应该是什么样子的。如果这个项目是学校根据打分体系留给学生的作业，那么这可以帮助孩子理解学校的最低要求。接着，你要鼓励孩子先按照"还可以的"标准完成项目。孩子可能对此并不满意。如果还有时间，那么让孩子多下功夫；如果时间不足，那么至少应该达到最基本的要求。无论怎样，相对于无法达到或不值得达到的绝对完美标准来说，达到或者超过"还可以的"标准的做法更健康。

自卑的孩子总是把需求想象得比实际更难、更复杂。我曾经见过一个女孩子，当老师要求班级每个人都写篇日记的时候，她吓坏了。她哭着对我说，她根本不知道该写些什么，一点儿主意都没有，觉得什么都写不出来。她以为需要写一篇优美的长篇文章才行。这个女孩子极其热爱阅读。我猜她以为需要写出和她喜爱的最佳日记一样的文章才行。实际上，老师只是要求大家随便写几句就可以了。写作时间只有15分钟。所以，我建议她写一写当天"独特的"课堂经历（例如"今天是星期二，我们上了合唱课……"），或者写一写午饭吃了什么东西，这样作业就更容易完成了。

老师可以帮助孩子确定切合实际的目标，防止孩子设定的标准过于严苛。当孩子听到老师希望他们花在作业上的时间很少时，可能会感到吃惊。如果你能够和老师提前沟通好，老师可以事先给孩子设定一些条件，比如"作业别超过一页纸",或者"写作业时间不要超过半个小时"。如果作业量较大,老师可以进行阶段性检查,保证孩子能够以适当的方式完成作业,或者告诉孩子具体做到哪一步就可以了。

把错误放在更大的场景中观察

如果孩子对自己不完美的项目或者不完美的表现感到沮丧,那么家长先要认可孩子低落的情绪("你希望自己能够正确地完成所有内容"),同时要记得鼓励孩子想想自己哪些地方是正确的。

如果孩子回答"都不好,所有的一切都糟透了",那么家长需要向孩子解释清楚,好的表现包括很多方面。家长可以给孩子提一些问题,让他们不要总盯着自己那一点儿错误,引导他们将眼光放宽。让孩子看到更广阔的场景,有助于他们正确地认识自己的错误。

例如,在一次音乐演出中,你可能会问:孩子有多少音符弹奏正确?孩子是否能够跟上节奏,是否能够与其他表演者配合起来,有没有采用声音渐强和分节来表现某一段落音乐所要表达的气氛,有没有将这种表达方式贯穿到音乐表演的结尾?事实上,孩子有勇气登台演出,这本身就是成功。我告诉来咨询的孩子:"只要看到你坐在那儿或者站在那儿,你的父母就会觉得你很可爱。在此之外,你做的所有事情都是锦上添花。"

你也可以问问孩子,来看演出的这些观众,有多少人期望演出是完美的呢?没人有这样的期望。如果只是想看一场完美的表演,那么他们完全可以待在家中听在线机器演奏,那样每个音高和节奏都是完美的。观众希望看到的是比完美更让人兴奋的东西:持续的学习和成长,努力和付出,以及对音乐(或者其他表演艺术)的热爱。

在执业过程中,我会鼓励那些有完美主义倾向的孩子故意犯点儿小错,然后看看会怎样。这种办法,让孩子有效地打破"凡事必完美"的束缚。通常，对于很小的错误，没有人会注意到，而且即使有人注意到了也没有关系。那些令人担心的后果（"人们会嘲笑我""他们觉得我很蠢""她一定会很生我的气"），要么根本就不会出现，要么带来的影响微乎其微。

情绪转移

深陷自责的孩子会非常情绪化，他们可能会大哭大叫。当他们揪住自己的不足无法释怀时，他们的身体看起来紧张而激动。在这样的情况下，他们肯定没想清楚当时的实际情形如何，以及接下来该怎么做。

伊桑·克罗斯和他的同事表示，越来越多的证据表明，自我抽离（采取旁观者的视角，跳出问题看问题），有助于孩子减轻情绪反应，从而能够进行冷静的思考（Kross and Ayduk，2017；Kross et al.，2011b）。

那么，怎样做才能帮助孩子学会跳出问题看问题呢？对那些年龄尚小或者情绪非常低落的孩子，我的建议是：家长需要采取非常具体的做法。首先，让孩子闭上眼睛、深呼吸、睁开眼睛。然后，让孩子从所在的位置退后几步，或者去另外一个房间。

克罗斯和他的同事还给出了如下自我抽离的办法。

1. 想象从远处看待眼前的场景。墙上的苍蝇看到的是什么样的情景？如果有人从天花板上看，会看到什么？
2. 像讲述者或者新闻评论员一样谈论当前的情景。不要用"我"这个字眼，而是用名字称呼自己。比如，在本章开头的故事中，詹姆斯可以这样对自己说："詹姆斯在画上滴了一滴颜料。那下一步，詹姆斯应该怎么办呢？"
3. 假装自己是一个刚刚有过类似经历的过来人。有一项研究表明，4～6

岁的孩子假装自己是蝙蝠侠或者是小探险家朵拉，这能帮助他们在某项重复性的任务上坚持更长时间（White et al., 2017）。年龄大一点的孩子更愿意将自己想象成自信满满的同龄人。

按照事情的重要程度分配精力

并非所有的项目都需要付出同样的努力。很多时候，"完成"比"完美"更为重要。你可以和孩子谈谈"合理地努力"这种观点。比如，在写一段文字的时候，孩子可能需要花费很长时间，以确保每个字母o都写得很圆。付出这样的努力合理吗？当然不合理。这种做法很愚蠢。比起计较字母o写得是否够圆，孩子还有很多更有意思的事情可以去做。别计较o写得是否够圆，省下时间做点其他事，会更有价值。

努力是否合理，要看任务本身的重要程度、有多少时间可以支配、是否还有其他事情要做，甚至要考虑一下孩子自己的感受如何。让孩子在每件事上都全力以赴，这既不可能，也没必要。

我们不妨思考一下："这个项目需要花费多长时间？"有的任务只需迅速完成就好。有的任务则需要不断努力。无论如何，有一点我深信不疑：没有任何一项任务，值得让孩子感到痛苦，值得破坏我们与孩子的关系，或者让孩子精疲力竭。如今，个人成绩的压力持续不断。因此，让孩子意识到这一点虽然非常困难，却十分必要。

如果孩子已经痛哭流涕、筋疲力尽，那么这时候你要告诉孩子："不管做到什么程度，咱们今天到此为止。"孩子不会对你说谢谢，反而可能会继续抱怨："这东西太难了。""我根本做不了。""老师一定会生气的。"这时候你一定要坚持自己的意见，收走孩子的书本和计算器之类的东西，告诉他："对我来说，你比任何成绩都更为重要。""没有人想让你痛苦崩溃。"

不要替孩子完成任务，那会让孩子觉得必须取得完美的成绩。早上的时候，孩子可以和老师沟通，看看是否能有其他方式减轻压力，同时可以完成任务。你可以从中提供支持，引导孩子如何沟通，但是别忘了，孩子自己解决这个问题，比你替他去沟通，让他心里更踏实。

如果老师不体谅孩子，或者向老师寻求帮助没有作用怎么办呢？最糟的情况无非是孩子这一科的成绩不好，但从此他会懂得，这件事并非世界末日那么糟糕。

引导孩子学会接纳赞美

为了避免过度自责，孩子要学会接受真诚的赞美。自卑的孩子一般不懂得如何接受赞美。当听到别人称赞自己的时候，他们会显得局促不安，同时马上列举出一连串自己不值得称赞的理由："哎呀，一点都不好！我有一部分搞砸了！我应该可以做得更好！他做得更好！她做得更多！"他们只想到了自己的不安和自我批评，却不明白这对于称赞他们的人来说，就像在说："你根本不清楚情况！你判断不准、品位不佳！你夸奖人既不真诚也不妥当！"

家长需要将拒绝他人赞美的言外之意跟孩子解释清楚，毕竟孩子并非故意让那些友善的人难堪。

接下来，家长要引导孩子对他人的称赞表示出得体的回应。孩子可以微笑着说声"谢谢"，不推脱也不反驳，简单的一句"谢谢"就好。家长可以让孩子自己练习一下。

应对竞争和考试

对自我要求严格的孩子来说，外界的评价是可怕的。尽管他们并不怕别人指责，但是对于他们来说，比赛、面试、考试都是可怕的事情，因为他们相信这会让他们的不足被公开地暴露出来。

这样的孩子要学会放下心理负担，不要把每次的测评都当作对自我人生价值的全面考验。自卑的孩子需要明白，在学习过程中，挫折和犯错是很正常的。

让孩子输一次

虽然获胜的感觉很美好，但是"每次都要赢得比赛"对任何人来说都不现实。如果你家孩子非常害怕竞争，你需要帮助他逐步提高对失败的容忍度。

家长可以从帮助孩子打破自己的纪录开始。你家孩子可以跳多远，可以连续多少次把气球打向空中而不让它落地，可以闭上眼睛单脚站立多长时间？多次尝试同样的运动，我们会得到不同的结果——有时候赢，有时候输。孩子看到每次的结果不一样，更愿意再试一次。

家长可以带孩子玩一些合作类的游戏。这类游戏需要所有玩家一起玩，团队成员一起赢或一起输。接下来，孩子可以玩一些类似 Blink 或者 Spot It 的桌游，几分钟就可以玩一局。

孩子对抗成年人的游戏特别适合帮助孩子了解什么是竞争。如果成年人赢了，这不奇怪，但是如果孩子赢了，那就太令人激动了！

逐渐地，孩子就愿意尝试一些更复杂的团队运动形式。一般来说，运动队在赛后会有一些仪式，比如与对方每个队员击掌，以彰显体育精神。

所有这些活动，其意义在于让孩子意识到：胜败乃兵家常事。你也可以有意问问孩子："你觉得输赢能持续多久？"比如，你家的孩子参加网球比赛，赛后队友、教练和家人都会说："打得不错！""恭喜恭喜！"然后，大家就各自忙自己的事情了。无论输赢，人们对比赛结果的关注最多也就5分钟。

尽管输了比赛会让孩子感到失望，但是他能由此学会处理一时的失望情绪。假以时日，他甚至能开始体会发起挑战的乐趣和兴奋，而结果的输赢已经变得无关紧要。

跳出不得第一就是失败的误区

自我要求严格的孩子会花费大量时间与人比较，因为他们认为不是最好就等于失败。如果你家孩子热爱运动，有一个办法可以帮助他打破这种固定型思维。让孩子指出他所喜爱的运动项目中最好的运动员，然后你问问他："不如他优秀的运动员是不是应该放弃这个项目回家去？为什么？"对于不同的运动项目，成绩不是最优的运动员也有着各种理由继续坚持参赛和训练，例如：

- 在这些运动员的参与下，成绩最优的运动员才能在比赛中脱颖而出。
- 这些运动员非常优秀，即使其成绩不是最优的。
- 整个运动队需要他们某一方面的技能。
- 他们不断练习和积累经验，他们的技能在不断提高。
- 这些运动员尽管成绩不是最优的，但是依然热爱这项运动。

类似的话题可以是最优秀的画家、歌手、音乐家、作曲家、作者等等。除了最闪耀的那个明星，这些领域还需要更多的参与者，同时也提供了足够广阔的空间让更多的人得以发展。

克服对失败的恐惧

有时候，自我要求严格的孩子在刚考完试之后会感觉自己考得不好，而成绩下来之后会发现自己考得不错。有的孩子为了降低他人的期望，会故意说自己没考好。可是，自卑的孩子是真心觉得自己考砸了。他们对失败的恐惧，让他们无法正确评估自己考试过程中的表现。他们觉得前几次考试表现不错，无关当下，这次绝对考砸了，一点儿希望都没有。这时候家长不要劝说孩子，只需承认他的感受就好了，千万不要画蛇添足地去反驳他："你只是自己担心没考好而已，要是真没考好再想办法吧！"

有时候，孩子消极的自我关注会使他们考试发挥失常，从而导致他们所担心的失利。当孩子一味纠结于自身的不足时，他们的头脑会变得一片空白，曾经掌握的技能也会忘记。了解孩子的思考过程而不是思考内容，可以帮助孩子避免这种情况的发生。

让孩子设想情境：两个学生碰到一道题，都不知道如何解答。其中一个学生，一想到自己不懂如何解题，马上围绕题目本身展开了思考。他可能会思考哪个答案最有可能是正确的（B选项不可能，因为这完全说不通），或者回顾所学的内容（我记得老师讲过一些和这个题目有关的内容）。另外一个同学，一想到自己不会这道题目，马上引发一连串与题目无关的想法："糟糕！看来我这次又要考砸了！我太蠢了！我爸妈恨不得打死我吧！我可能上不了好大学了！我这辈子完蛋了！"这些想法对解题一点儿帮助也没有。

每个人的大脑都有走神儿的时候，即使在考试的时候也无法避免。关键是不要就此陷入一种极度有害的自责情绪。尽量不去想与考试题目无关的事情，就好比你想到白色的熊，"北极熊"这个概念就会自然而然地跃入脑海，但这对考试并无帮助。正确的做法是：鼓励孩子注意到自己那些与考试无关的想法，不要压制这种想法，然后平和地将思绪转回正确的方向。有时候，运用形象思维能够有助于孩子摆脱那些与考试无关的念头，比如想象一下给某个想法盖上一个"无关"的印章，或者想象自己把一个无关的想法收了起来放到了架子上，或者想象着用小扫把将那些想法从桌子上扫下去，然后大脑就可以从容地回到眼前正在从事的任务中了。

倡导以提升能力为目标

心理学研究对"以提升能力为目标"和"以取得好成绩为目标"进行了明确的区分。当人们以提升能力为目标时，会努力掌握技能、改善技巧。当人们以取得好成绩为目标时，会希望展示能力、超越他人、避免出丑。换句话说，"以提升能力为目标"旨在学有所得，而"以取得好成绩为目标"旨在让自己看起来不错。自卑的孩子倾向于关注成绩，这会强化他们消极的自我关注，干扰学习，从而进一步加重他们的痛苦（Linnenbrink et al., 1999）。

在我们的生活中，成绩和测评无处不在。关键是要帮助孩子认识到：成绩不是对他们自身价值的评价，只是对他们在某一时刻状态的标记。我们可以尝试用下面的方法让孩子理解其中的含义。

我们可以拿一张纸，从左向右画一条横线，在横线的末端画一个向右的箭头，并告诉孩子："这是你学习数学的进步过程。"（我们这里用数学学习举例，你也可以选择任何其他的内容。）接下来，我们在横线的左端向右一点，做个标记，并告诉孩子："当你很小的时候，你开始学习数数。你现在觉得数数怎么样？是不是完全没问题？很好，说明你已经学会了数数，后来你学会了两个数字相加……"然后，我们从这一点沿着横线从左向右继续做标记，显示出孩子学习的数学技巧越来越复杂。一定要记得不断提醒孩子那些他们已经掌握的内容。要告诉孩子，每次测验不是为了评估他们是否聪明，而是为了了解在那个特定的时间点，孩子对具体技巧的掌握程度如何。任何一次测验都不能对孩子的能力下结论，因为孩子处于不断学习和掌握新知识的过程当中。

防止自我设限的行为

在关键时刻,所有的孩子都有可能进行自我设限,这种情况在自卑的孩子身上更为常见。孩子的自我设限,有时候表现为在动手尝试之前为失败找好借口,比如害怕考试考不好的孩子,会事先逃避学习,然后临考试前突击备考。这样一来,即使没有考好,他们会解释说:"我没考好,因为我没有充足的时间进行准备。""如果我之前努力,我应该能做得更好。"

自我设限显然不是一种好的做法,而人们常会无意识地给自我设限。如果你家的孩子总是拖延,你也许应该介入一下,帮孩子制订更有效、更合乎情理的计划以完成具体的任务。把一项任务分解成较小的步骤,可以让孩子更容易完成任务。

鼓励自我关怀

有自责倾向的孩子不仅要避免强烈的自我批评,还要学习如何正确地看待成绩,并学会善待自己。针对成年人和青少年群体的研究表明,学会自我关怀能够缓解压力、焦虑和自我批评(Germer and Neff,2013;Shahar,2013)。

克里斯汀·聂夫在 2003 年强调了自我关怀的 3 个方面。

1. **善待自我而不是评判自我。**
   我们要以温情和关爱对待自己的失败、挣扎和缺点。

2. **普遍性而不是特殊性。**
   我们要认识到所有人都不完美,所有人都有自身的挣扎,因此任何人一生之中都有痛苦。

3. **清醒认识而不沉湎。**
   我们虽然要清醒地认识到我们痛苦的想法和感受,但不要沉湎其中,无法自拔。

许多自卑的孩子不愿意善待自己，觉得自己不必甚至不配被善待。家长需要帮助他们尝试很多次，他们才能学会心安理得地善待自己。下面这些方法可以帮助孩子学会自我关怀。

以身作则，平静地应对错误

言传不如身教。除非我们能够展示出善待自己的做法，否则即使我们磨破了嘴皮子告诉孩子要善待自己，他们也不会信服并做出行为上的改变。我们可以用自己的一些小失误示范一下如何进行自我对话。当你把牛奶弄洒了，或者把钥匙弄丢了，或者忘记了一次约定，或者开车走错了路，要让孩子听到你对这些事的看法，例如：

"每个人都会犯错的。"

"我再想想别的办法。"

"我觉得我可能需要些帮助。"

"糟糕！不过，好吧，我想我应该能修好的。"

"下次我用不同的方法试试看。"

"虽然不完美，但毕竟完成任务了。"

"哎呀！我这部分搞砸了！不过没关系，已经不错了。"

提问"你对朋友会怎么说"

在大多数情况下，自卑的孩子不会用对自己的要求来要求别人。自我关怀的方法中一个经典的问题是："你对朋友会怎么说？"反思这个问题，可以让孩子对自身的错误和挣扎，采取一种更温和的回应方式。当朋友犯错时，孩子可能会说：

♣ "你现在面对的这件事很棘手。"

- ♣ "你一定会克服困难的。"
- ♣ "坚强起来，一切都会好起来。"
- ♣ "别放弃，你可以做到的。"
- ♣ "这对任何人都不容易，你一定要坚持住。"

值得注意的是，这些话并没有否定孩子的痛苦感受，而是以一种温暖人心的方式承认这种感受，并且鼓励对方更努力、更坚强。你可以让孩子列出一些温暖而鼓舞人心的话语，并将这些话语写在卡片上。当需要自我关怀的时候，他可以拿出来读一读。

让孩子明白：自我关怀的表达同样重要。不是用积极的争辩来表达自我关怀，而是要温暖自我、理解自我，从而战胜自我批评。低龄的孩子愿意用画画的方式描绘出那些给他们带来温暖和安慰的人或物。

进行自我抚触

聂夫在2011年提出，轻柔的抚触对我们是一种抚慰。对孩子来说，这是一种特别好的自我关怀的具体做法。在安静的时候，让孩子尝试各种自我抚触方式，让他们感受一下哪种方式最好。家长可以和孩子一起进行这项练习，避免孩子感到尴尬。比如，你们可以各自抱起自己的胳膊，轻拍自己的脸颊，而我自己最喜欢的方式是张开手掌放在胸口上，感受手掌的压力和温度。孩子一旦找到自己喜欢的抚触方式，就可以用这种方法来平复自责的情绪。

安排一些娱乐活动

有些陷入自我苛责的孩子认为，自己应该将全部时间都用在功课上。他们会觉得自己的功课还没有做好，就没时间玩，或者不应该去玩。

人人都需要休息。休息不是浪费时间，而是自我充电的方式。

这也是我们需要以身作则教会孩子的方法。你要让孩子看到：你会有意分配一些时间给自己，会花时间和朋友、家人一起去做一些有趣的事。你也要帮孩子规划一些有趣的活动。有些孩子会搞不清楚自己对哪一类的活动感兴趣，或者不愿意花时间去玩。功课当然需要努力，但是生活不应该只有无休止的功课。

让孩子懂得无条件的爱

对于陷入自我苛责的孩子来说，或许他们最需要家长帮助的是：无论他们是否表现完美，他们都会被疼爱。你可以问孩子："我体重减轻 5 磅⊖，你会不会更爱我？""我每年多赚 5000 美元，你会不会更爱我？"当然不是这样！你也可以问问孩子如何看待他的朋友。我曾经遇到一个具有严重自我苛责倾向的孩子，我问她："你最好的朋友是不是全校最聪明的？"她回答不是。"那她是不是全校最有魅力的？""也不是。""她是不是最友善的呢？"她仍然回答不是。我说："既然她不是最聪明的，不是最漂亮的，也不是最友善的，你就别要这个朋友了！"那个孩子笑了起来，我趁机指出，既然她没有期望自己的朋友是完美的，那她的朋友或许也不期待她是完美的。

总　　结

自我苛责是自卑的孩子颇为持久的特征。你听到孩子对自己的苛刻论断，一定会感到非常难过。然而，孩子的这一习惯很难改变。这种自责是他们自我的一种需要，对他们来说合情合理。不要与孩子争辩他自我苛责

⊖　1 磅 = 0.453 592 37 千克。

的内容，这样会让孩子更加坚持。家长要帮孩子将关注点放在自身的进步上，而不是放在最终的成绩上。这样有助于孩子舒缓压力，逐步地建立自信。最终的目的是要让孩子懂得：爱不需要去赢得。

在第8~9章中，我们会讲述建立真正自我接纳的第三个方面，也就是"选择"，其中包括：让孩子表达自我，找到自己在乎的事情，关注比自我更宏大的概念并建立联结。在第8章中，我们会讲解自卑的孩子在无所适从、不知所措的时候都遭受了哪些困难。

实用要点

♣ 严重的自责不仅给孩子带来痛苦，而且有可能导致抑郁。

♣ 自卑的孩子应当将关注点转移到学习过程上。挫折和错误是学习过程中的正常现象，随着时间的推移，它们都会成为过去。

♣ 让孩子练习一些自我关怀的做法，这有助于孩子学会善待自己。

Kid Confidence

第四部分

选 择

第 8 章
Kid Confidence

我到底该怎么办

"哦！真是太漂亮了！"史黛西的奶奶一边欣赏着商店柜台里璀璨亮丽的手链，一边问她，"你喜欢吗？"

"喜欢啊！"史黛西高兴地说，"我们学校里很多女生都戴手链。大家都喜欢手链。"

"那我给你买一个作为生日礼物怎么样？你最喜欢哪一款？"

"我不知道。"史黛西回答道。

"这款蓝色的看起来不错啊！"奶奶提议说。

"是不错，但我最喜欢的颜色是紫色。"

"好吧，那我们要紫色的吧！"

"可是，我也很喜欢蓝色这款，另外，红色跟我的外套很配……"

"嗯。那你打算要哪一款呢？"奶奶问道。

"我也不知道！"史黛西嘟囔着，"太难决定了！我要是选错了怎么办呢？我就是不擅于选东西！奶奶你来选吧。"

"这是送给你的礼物啊，史黛西，我想把你最喜欢的送给你。"

"我不会选！我不会选！我也不知道选哪一个。我从来都不会选东西！我每次都选错！"史黛西一边说，一边眼里泛起了泪花。

史黛西和奶奶在一起的时候，一直很开心，直到史黛西需要做出决定的时候，情况开始转变。需要史黛西做决定的是件小事，可是这也让她感觉不堪重负。本来这是一件让人开心的小事，可是怎么就变成了一场针对自我的苛责了呢？史黛西开始关注的是手链的特点，然后很迅速地跳转到了自身能力的缺陷。她坚持认为自己不擅长选东西。史黛西由于害怕做出错误的选择，立即陷入了无所适从的境地，十分沮丧。

让史黛西感到沮丧的，当然不是手链本身，而是她自己拿不定主意。这让她觉得难以承受，觉得这是自己的性格缺陷。她害怕做选择，因为她不希望这个决定让她后悔。然而，无法做出选择这件事情又让她感觉自己很蠢。对史黛西这类孩子来说，不确定、担心、沮丧等负面感受会迅速带来他们对自身的负面看法。

史黛西的反应会让成年人很反感。这有什么大不了的？不就是一个手链吗？选错一个手链也不是改变一生的重大决定，为这点儿事花心思也太可笑了。最简单直接的办法就是告诉她："你随便选一个吧！"但是，这样的催促会造成孩子的全面崩溃。

当孩子毫无头绪无法做出决定的时候，我们该怎么办呢？在上面的故事里，奶奶需要先承认史黛西的感受。触发她沮丧情绪的事情很琐碎，但是她压抑的情绪真实存在。奶奶应该说："你是不是不知道应该选择哪个？""看来选择哪个都无法让你下决心。""你是害怕现在选定了，过后又改变主意吧？"然后，奶奶最好将这个事情放一放，等史黛西情绪平息下来之后再做决定。任何人在情绪激动的时候都很难进行清晰的思考。从长远来看，史黛西需要学会做决定的方法，并且要学会接受不确定性。

反刍性沉思

自卑的孩子在每次做出决定和采取行动时，都会陷入纠结。他们很容易陷入一种痛苦的犹豫不决状态。这种情况被称为反刍性沉思，其具体表现就是毫无意义地重复负面感受、面临的问题以及可能对自身造成的潜在影响。这些就是焦虑的外在表现、起因、意义及其后续影响等在人们精神上的循环往复。在面对重大的决定以及有压力的事情时，虽然人们都会认真思考解决问题的方法，但是不良的反刍性沉思会让人陷入负面思维而无法自拔。人们思前想后，似乎会有效果，毕竟花费了很多时间和精力进行思考，但实际上效果不佳。因为这种做法加深了苦恼，降低了自我接纳的程度，所以不利于解决问题（Nolen-Hoeksema，Wisco，and Lyubomirsky，2008）。

有一项新的研究成果令人欢欣鼓舞。该项研究表明，让青少年学会改变反刍性沉思的习惯，有助于降低他们抑郁和焦虑的风险（Topper et al.，2017）。尽管青少年比儿童更能够对自己的思想和情感体验进行更深刻的理解，但我们也知道，儿童在五六岁的时候就能够描述自己如何管理负面感受，也懂得主动改变对事情的看法可以带来更好的自我感受（Davis et al.，2010）。我非常确信，小学时期是让孩子认清反刍性沉思的危害、引导孩子采取其他处理方式的最佳时期。做到这一点，将会为孩子一生的精神健康奠定良好的基础。

本章介绍了一些方法，可以帮助孩子认识反刍性沉思，减轻其影响，学会如何做决定，以及采取哪些积极的应对措施。

提高自我接纳水平的方法

要帮助像史黛西这样的孩子培养自我接纳，就是要打消他们无休止的自我怀疑，找到适合他们的表达方式和处理问题的办法。自卑的孩子非常容易陷入无助状态。他们常常自暴自弃："我也没办法。这样没用。试了也白试。你看，这样没用吧，我早就知道！"要想改变这种倾向，我们需要改变他们的思维模式，让他们有机会体验到果断行事的益处。

突破反刍性沉思

反刍性沉思是由负面感受、实际或预期中的挫折所触发的。为了突破这种苦恼和无效的反应模式，孩子需要有意识地观察自身的做法，一旦意识到自己可能陷入反刍性沉思，就需要立刻改变做事方式。

认识反刍性沉思

让孩子认识到，反刍性沉思就是反复回顾那些令人难过的时刻而难以自拔。你可以通过打比方的方式让孩子理解反刍性沉思——正如轮子上的仓鼠、跑步机上的人、循环播放的音乐、在冰面上打滑的汽车，反刍性沉思让他们陷入思维闭环。让孩子意识到，反刍性沉思于事无补，而且浪费精力。反刍性沉思是一种精神上受困的状态。在这种状态下，人反思的越多，就越感到无能为力。

然后，让孩子提出几个快速突破僵局的办法。比如，用有趣的活动暂时转移注意力，可能会有所帮助。运动也是转移注意力的好办法。冲个澡、听听音乐也许都有用。读书、画画，或者捏一捏压力球也有帮助。这取决于孩子喜欢哪种方式。

转移注意力是否意味着回避问题呢？如果孩子继续沉思下去会更加苦恼，而转移注意力只是一种暂时的做法，那么这样做就不是在回避问题。转移注意力可以让孩子脱离反刍性沉思。然后，他才能采取更具有建设性的方式进行思考，并对当下的问题做出回应。

学会提问

当人们含混地探索某现象的原因时，常会陷入反刍性沉思（Topper et al., 2014）。你也许听见孩子说过："为什么我这么笨？""为什么我总是遇到这种情况？""为什么事情不能简单一点？""为什么我总是做不对？"纠缠于这类问题，不仅对孩子毫无益处，而且会让他们更加难过。

多问一些具有明确目标的问题，可以提供解决问题的思路，可以引导孩子着眼于解决问题而不是沉浸于反刍性沉思（Watkins, 2016）。我的建议是思考一些"我怎样做才可以……"的问题。要想避免反刍性沉思，孩子也需要练习如何进行积极有益的思考。你可以和孩子一起想一些好的问题，把它们写在卡片上，当孩子需要的时候可以拿出来做个参考。下面列举了一些这类问题：

- 我怎样做才可以解决这个问题？
- 我可以做些什么来改善目前的情况？
- 我可以尝试哪些可能有用的方法？
- 我应当如何开始？
- 我下一步可以做什么？

- 我做什么事才能帮助改善现状？
- 我做什么事可以防止这类情况再次发生？
- 我下一次可以采用哪种不同的方法？
- 我在等待结果的时候可以做些什么？
- 我做什么才能获得更多的信息？
- 我做什么才能我下定决心？
- 我可以从中学到什么？

按部就班而不急于一时

临睡觉前，孩子容易出现反刍性沉思。也许是因为安静地躺下之后，那些担心、顾虑和后悔的事情会一下子跳入脑海，他们会立刻想谈谈这些事。

这不是个好的时机。在疲惫的时候，人们看什么事都觉得难以承受。一旦说起这些，可能会导致孩子产生更多的顾虑。如果一直说下去，孩子就更难入睡了。入睡之前，你和孩子轻松愉快地聊聊天是个不错的习惯，只是需要选择一些积极的话题。

如果孩子一躺下，就满脑子充满忧虑，你可以试试让孩子将想法写在小纸条上，放到一个空盒子里。句子不需要完整，拼写也无须完全正确，写几个字或者画个图都可以。然后，约定第二天的一个时间（不是临睡觉前的时间段），你和孩子一起花费不超过15分钟的时间，讨论一下写在小纸条上的事情。如果你们一次没有讨论完，那么可以在第二天的同一时间继续讨论。

安排固定的时间来讨论孩子内心的担忧，这是减少孩子内心忧虑的有效方法。当孩子发现每天15分钟的讨论时间已经没有什么可谈的了，那可以利用这段时间，和孩子一起做些有趣的事情。

如果孩子说想到这些心烦的事睡不着，家长怎么办呢？我通常的做法是：告诉孩子睡觉就像上厕所一样。孩子会吃惊地看着我（这个成年人为什么会说起上厕所的事），我接着会问他："如果我决定从今往后再也不上厕所了，那么会怎么样？"结果我的身体并不只受控于想法，还是该做什么就继续做什么。睡觉也是一样。我对孩子说："你不用担心睡眠不足，你闭上眼睛安静地躺在那儿，就可以有充足的睡眠了。不一定是今晚，不一定是明晚，但是很快，你的身体就把睡眠自动地安排好了。"我还会告诉孩子，感到疲倦会不舒服，但也没有什么危险。

随后，我们会讲一讲有趣的事，比如策划下一次生日活动，回忆一次有趣的家庭度假，或者回想一下自己最喜欢的图书、电影、电视节目中的人物。

学会选择

很多自卑的孩子甚至不懂得如何做一些简单的决定。因为他们不相信自己的判断，所以总是担心会做出错误的选择，甚至会拒绝做选择。然而，做选择是自我表达的重要内容。让孩子掌握如下方法，可以改善这种情况。

打破有关决策流程的迷信

孩子选择困难，其中一个原因是他们对决策流程存在着误解。下面列举了一些常见的误解以及误解背后的真相。看看孩子是否知道这些理解错在哪里？

♣ **误解**：我必须做到百分之百有把握才能做决定。

事实：生活中没有任何一件事可以做到百分之百确定。

♣ 误解：为了做决定，我需要不停地分析这件事情。

事实：有时候想得再多、讨论得再多也不能进一步提高决策质量。

♣ 误解：做决定是一件简单的事（我不会做决定，这说明我太笨了）。

事实：做决定有时候容易，有时候困难。难易程度取决于要决定的事情本身以及决策人是否有做决策的经验。

♣ 误解：我必须对自己的选择完全满意。

事实：做出一种选择，就意味着放弃了其他选项。人们对一项决定产生复杂的内心感受是一种正常的情况。

♣ 误解：如果我做错了选择，结果是我完全不可承受的。

事实：如果你做错了选择，你会感到失望和后悔，但是这件事很快就会过去。另外，你可能会对自己以及当时的情形更加了解，因此这个经历可以帮助你将来做其他决定。

♣ 误解：一定存在完美的选择，在搞清楚最完美的选择之前，我没法做出决定。

事实：大部分决定都需要做些妥协，或者只是基于当时可以获得的信息做出合理猜测。一种选择错误，也不意味着另一种选择就正确。每种选择都有得有失。对某人来说正确的选择，对于其他人却未必正确。你目前觉得是正确的选择，日后回顾时，也许不再正确。所有这些情况都没关系，因为当需要的时候，你还可以做出调整。

♣ 误解：如果我一直思考而不做决定，那么我就不会做出糟糕的选择。

事实： 不做决定也是一种选择，也就是选择"拒绝行动"，拒绝承诺，被动接受。这种选择就是让自己处于不确定当中，眼睁睁地看着机会溜走。"不做决定"通常不是一个好的决定，这是一种被动接受的生活方式。

从小事做起，练习做决定

找机会让孩子在小事上练习快速做出决定。点餐、决定买哪件衬衫或者穿哪件衬衫、选择玩哪一款游戏等都是孩子可以迅速做出决定的小事。如果孩子在这些事情上依然很难决定，你不妨先选定一类事务让孩子来决定。

你要向孩子解释，迅速做决定是一件需要不断练习才能掌握的技能。你可以给孩子提供一些练习快速做出决定的方法，比如：

♣ 听从第一直觉。
♣ 扔硬币决定。
♣ 点兵点将，点到哪个，选哪个。
♣ 按照字母顺序选一个。
♣ 闭上眼睛随便指一个。

如果孩子还是犹豫不决，不知道尝试哪种方法，那么你不妨在随后的一周内，用抛硬币的方式帮助孩子在这些小事上做决定。一周后，你可以采取另外一种做决定的方式或者继续使用抛硬币的方式帮助孩子做决定。一旦孩子快速做出决定，他就要坚持这个决定。不管孩子事后对做出的决定是否满意，他都会明白：他是可以快速做出决定的。即使决定之后后悔了，也是可以接受的。通过快速做出决定，孩子能够摆脱犹豫不决的苦恼，获得自由。

掌握做出重大决定的有效方法

除了学会迅速做出决定的方法，让孩子学会在重大事项上如何思考也大有裨益。家长可以尝试下面的一些方法。

1. 减少选项

过往的研究结果表明，选项过多会让人难以做出选择（Iyengar and Lepper，2000）。虽然近年来的一些研究表明，选项过多不一定意味着有大量的可选项（Scheibehenne，Greifeneder，and Todd，2009），但是减少可选项仍然是简化选择的好办法。鼓励孩子先确定哪些选项是绝对不会选的。一旦孩子排除了某个选项，那么在这件事情上，这个选项就永远被排除在外。让孩子不要再重新考虑这个选项，而是将关注点放在剩余的选项上。

2. 列出优缺点

列出选项的优缺点，这是一种可靠的决策方式。把想法写在纸上，可以减少头脑中毫无头绪的左思右想。这种方法也能表明完美的选项是不存在的。

3. 与有经验的人谈一谈

我们依靠猜测，想象自己在不同场景下的感受，这是不可靠的。丹尼尔·吉尔伯特2006年指出，我们会忽略某些可能性，并高估其他的可能性。我们当下的感受，会影响我们对未来感受的想象；我们所担心的结果，未必像自己想象中的那样糟糕。按照吉尔伯特的说法，要避免因想象而带来的局限，最好的办法就是问问过来人的意见。或许孩子愿意听听同学、亲戚、邻居的看法，或者你可以帮助孩子找到适当的人选。如果一时想不到该和谁谈，那么你可以和其他家长了解一下，类似的情况下他们是如何处理的，然后将这些内容分享给自家孩子。

4. 尝试自我投票的方式

当需要做出一项重大决定的时候，我最喜欢的做法是让自己不断地进行自我投票。我会问自己："如果必须要在这一刻做出选择，那么我会如何选？"5分钟之后，我会再选一次，或许我会得出不同的答案。多做几次选择，我就会看出来，其实自己更倾向于某一种选择。

5. 设定最终时限

你可以问问孩子，某个决定值得花多少时间来考虑。如果孩子不清楚，那么你可以问问孩子，其他孩子在这个决定上会考虑多少时间。如果孩子还是不知道，那么你不妨给孩子设定一个最终时限。尽管做决定确实不容易，但也不该为了某个决定而无休止地烦恼。在最终时限到来之前，让孩子收集信息，权衡不同的选项，一旦到了最终时限，必须做出决定。如果孩子到时候还不能做出决定，那么可以使用上面快速做决定的方法。即使做出的决定不完美，那也胜过长时间犹豫不决。

没有现成的正确答案

张美露教授关于"如何做出艰难的决定"的演讲（Chang，2017），是我见过的论述中最具说服力的。如果你家的孩子年龄较大，你可以和孩子一起听听张教授在 TED 节目上做的 15 分钟演讲。张教授解释说，艰难的决定面前并没有显而易见的最佳选项。与其他选项相比，每个选项都有很多很重要的不同点。做出决定前的选项，就像是苹果和橘子，哪个选项都不会明显优于其他选项，因为选项与选项之间的差异太大。这些决定之所以艰难，不是因为我们太笨而给不出正确答案，而是因为我们总是期望答案可以唾手可得。张教授大胆地提出，正是这些艰难的决定，最终塑造了我们自身。在困难的选择面前，我们不仅仅要依据逻辑来衡量事实，同时需要为我们的选择，提出自己的理由，并由此表明："这才是我，这才是我存在的意义！"从这个角度看，做出艰难的决定的意义，不在于找到正确答案，而在于我们要塑造自身。

采取行动

所有的决定都是为了采取行动。自卑的孩子之所以不愿意着手解决问题，是因为他们觉得看不到解决问题的希望。下面的方法可以帮助孩子摆脱无助，不再逃避。

相信孩子处理事情的能力会不断提高

如果孩子说"这太难了，我不会做"，那么我们通常会有赶紧过去帮忙的冲动。我们不忍心看到自己心爱的孩子苦恼。如果我们知道这些问题轻而易举就可以得到解决，这种不忍心就会更加强烈。

如果孩子本来可以独自解决问题，却被我们加以干预，那么孩子学习解决问题的机会会被剥夺。如果我们说"我来给他妈妈打个电话""我来给老师写邮件""让我来处理吧"，那么孩子得到的信息则是：这件事他自己处理不了。随着孩子步入小学阶段，他会越发地将父母的帮助作为自己无能的证明（Pomerantz and Eaton，2000）。

我们希望孩子有自主意识，懂得只要采取积极的行动，就可以对身边的事物带来影响。然而，袖手旁观永远无法代替自己身体力行。再多的言语鼓励（"你能行"），也无法让孩子认可他自己。过高的要求给孩子带来的挫败感，也无助于孩子形成自主意识。

孩子需要经历多次的尝试，取得成绩并受到鼓励，他们才能学会处理事情。这个过程中，孩子需要经历很多挣扎，克服诸多困难。父母需要依靠自身的判断，找到那个最佳的平衡点，让孩子在困难面前，既感到有所挑战，又不至于灰心丧气。我们可以指导孩子，安慰孩子，帮助他们演练并不断鼓励他们。然而，我们需要看到孩子亲自采取行动，解决问题。这是孩子建立自信的唯一途径。

关键在于采取合作的方式解决问题

自卑的孩子容易放弃，因为他们会轻易地排除所有的办法，理由是："这些方法都不管用。"他们宁肯回避问题，也不愿意做出决定或者采取行动。我非常认同罗斯·格林 2016 年提出的方式：在困难面前心平气和地以合作的方式解决问题。下面是关于这种方式的简单概括。

第 1 步：表达共情

格林建议家长在提出问题的时候，先用"我看到……"的方式描述事情的概况或者观察到的行为，然后问问孩子："问题是什么？"家长要真心关注孩子的体验、想法和感受，要不断地归纳，不断地回应，向孩子详细询问很多问题（"是谁""什么时间""什么地点""什么事情"），详细了解孩子如何看待这个事情。

第 2 步：表达成年人的顾虑

在急于提出建议之前，家长需要平和地向孩子表达自己的担心——担心这件事对孩子和他人会带来哪些负面影响。格林建议家长这样开始："我担心……"

第 3 步：让孩子一起想办法

家长可以让孩子提出一些办法，既能解决孩子面临的问题，还能兼顾父母的顾虑。家长可以这样说："我在想有没有既能……（解决你的问题），又能……（兼顾我的顾虑）的办法？"另外一种讨论方式是对两方面的问题进行概括："这个问题的后果，要么是……（孩子担心的情况），要么是……（家长的顾虑）。"然后，家长可以问问孩子："那该怎么办呢？你有什么好主意吗？"

这个时候，孩子可能会提出一些不合理的方式，而家长千万别陷入争论，可以说："这是一个办法，但是没有解决……问题。我们再想想有没有对大家都有帮助的办法。"

如果孩子提出了一个可行的办法，家长可以采取问问题的方式，帮助孩子完善这个方案。要预料到不同的情况和可能出现的困难（"如果……，那么我们会……""到……时候，我们将会……"），看看孩子是否能想出办法以解决这些问题。

反复进行这个过程，最后你和孩子一定能找到可行的办法，同时兼顾到两方面的问题。如果你们不能马上找到解决的办法，也没关系。你可以告诉孩子："我们先想想，然后再讨论。"

虽然上述过程乍看起来有点烦琐，但是孩子经过几次练习之后，肯定可以做得越来越顺畅。这项工作极其重要，因为这种解决问题的方式是平和渐进的方式，能够将自卑的孩子从无法自拔的状态中解脱出来。这种方式让自卑的孩子有机会将自己的顾虑详细分解到具体的行为上，并且清晰地表达出来。这种方式会帮助他们将视角扩大到更广阔的范围，而不再局限于自身的痛苦和缺陷。他们可以在友善和支持的环境中，积极地采取行动。一旦他们的方法起作用，哪怕是其中一部分起作用，他们的无助感都会减弱，而力量感会增强。

开口说话之前想清楚

自卑的孩子会沉浸在无助感当中，或者独自生闷气，因为他们觉得别人都不听他们说话，或者别人会因为他们提出要求而感到生气。到头来，他们压抑的敌意可能会爆发出愤怒的指责。一旦别人反感他们的爆发，他们就会觉得："我就知道即使说出来也没用。"

我曾经为一个小女孩过心理咨询。她因为一个朋友在公交车上与别人坐在一起而感到伤心。她心里怨恨了很久，最后决定写一封长信给这个朋友，在信上说这个朋友简直太坏了。不出所料，这个朋友的回信也毫不客气。她在回信里肯定不会说："哦，你那封恶毒的来信让我希望从今往后一直和你坐在一起！"

孩子在开口说出自己的想法之前，应该考虑以下这些问题。

1. 如果我什么都不说，情况会怎样？

　　现在的情况会持续下去，还是会变得更糟？孩子的怨恨会不会加深？怨恨对任何一段关系来说，都是毒药。默默独自苦恼看起来无所谓，但是会摧毁一段友谊。学会想象可能会发生的情况，有助于孩子采取行动。

2. 我说话的对象会关心我的需要和我的感受吗？

　　一个残酷的真相是，并不是每个人都在乎你家孩子的感受。所以，孩子最好向一个关心他的人倾诉。尽管人们有时候需要向并不关心他们的人倾诉，但对于一个还在寻找自我表达方式的孩子来说，那不是一个恰当的起点。向一个乐于倾听的人倾诉更容易。

3. 我究竟希望别人具体做些什么呢？

　　考虑清楚自己想要的具体结果，有助于孩子清晰地表达自己的愿望。例如，"希望大家不要对我那么不好"并没有指出下一步该怎么做才好，但是"我想大家轮流玩""我想他在借走我的橡皮之前问我一下""我想让他在做群组项目的时候带上我"则以具体行动作为沟通的目标。

4. 别人如何看待目前这个情况？

　　站在别人角度看问题是孩子刚刚接触的新情况。家长在培养孩子这种能力方面扮演着重要的角色。我们可以提出一些问题，比如："他这么做可能有什么其他原因吗？""如果你这样说，你觉得他会有什么反应?""如果别人对你说这些,你是什么感受?"站在他人角度上提出的问题可以帮助孩子超越个人得失,看到他人的需求和愿望。这一点在建立关系过程中至关重要。

5.我应该怎样沟通别人才愿意听我的意见?

孩子不一定知道怎么表达自己的需要。用"我"这个字眼表达自己的愿望和感受,以及着眼于具体的行动对于有效沟通来说很关键。

角色扮演是提高自信心的一种好办法。你可以用下面一些用词和孩子做练习。让孩子把左边一列的用语与右边的说法随意搭配,给出各种不同的说法。

我(左)	期望的行动(右)
"我想要……"	"我们做……怎么样?"
"我不喜欢……"	"我们做……好吗?"
"我宁肯……"	"我想要……"
"我觉得……"	"从现在开始,你可以……吗?"
"我感到……"	"我可以……吗?"
"我喜欢……"	"请你……"

在捉迷藏游戏中,你家孩子不想总是充当找人的那个。他可以和朋友这么说:"我不想每次都是我去找别人。咱们今天抽签决定谁来找人,怎么样?"虽然这种方法不一定能确保别人都听从你家孩子的意见,但是比起心怀不满和气愤地指责他人,效果还是要好一些。

教给孩子寻求帮助的正确方式

虽然每个人都有需要他人帮助的时候,但是自卑的孩子不太会寻求帮助。他们要么不愿寻求帮助，因为他们觉得需要帮助这件事让他们看起来很没面子，要么他们就一直嘟嘟囔囔，坚持说自己就是不会做，这对别人来说也是干扰。

可以让孩子使用下面这个办法向他人寻求帮助：首先，让孩子列出两个用来解决问题的办法；其次，孩子针对这两个具体的办法，寻求具体的帮助。比如，当孩子不知道怎么解数学题的时候，他们可能需要向老师求助。那么，他们可以这样对老师说："我看了例题，也看了课本，还是不知道该如何解这些题。您能告诉我怎样解题吗？"提及自己已经尝试了两种办法，这表明孩子自己没有轻易地放弃。孩子提出具体的需要，会更容易得到自己所需要的帮助。

专注于确定下一步行动

一想到要面临的困难和需要处理的问题，自卑的孩子就容易被压垮。在他们的想象中，如果一件事情需要自己从头到尾独自承担，这还不如干脆什么都不做。他们盼望来自别人的期望和要求都通通消失，因为他们觉得无法独自承担这一切。

如果你家孩子正面临上面的问题，那关键是要帮助孩子行动起来。先帮孩子开始一小步，即使是看起来简单的一小步，只要能够帮助孩子行动起来就好。

自卑的孩子可能马上就会提出反对意见："可是，我做完这些之后，他们会要求我做更多的事！"家长可以帮助孩子专注于当下，告诉孩子："如果要求过多，我们一定会帮助你处理。你只需要专心把现在这一步做好。"

如果孩子说"我还没准备好"，那么你可以问问他："你还需要准备什么呢？"其实他们可能没什么需要准备的。

我见过最好的一句建议是：没有充分准备好之前，你就要开始行动。事实上，一旦我们要着手解决那些自己必须面对的问题，绝大部分时候我们并没有完全准备好。

要鼓励孩子勇于探索、不断尝试、不断调整。尝试之前，我们不必做到完全准备好或者完全有把握。然而，在尝试之后，我们一定比自己默默等待的时候理解得更深入。我们一旦开始行动，后面的事情也就变得简单很多。

总　　结

如果孩子陷入犹豫不决的状态，感到消极无助，那么在培养孩子自我接纳意识的过程中，家长需要进行引导，帮助孩子练习做选择、做决定，防止他们陷入自我怀疑而裹足不前。家长可以帮助孩子认清反刍性沉思毫无益处，给他们提供几种做决定的办法。最重要的一点是，要让孩子意识到世界上没有什么现成的正确答案。孩子需要自己做出选择、付出努力才能找到正确答案。

在下一章中，我们会讲一讲孩子因为与同伴不同而受到排挤的情形，因为这种情形对自我接纳影响巨大。

实用要点

♣ 自卑的孩子更容易陷入反刍性沉思。那些负面的想法总是在他们的头脑中一遍又一遍地出现。

♣ 反刍性沉思会加重孩子的痛苦感受和自卑心理，妨碍他们真正地解决问题。

♣ 尽管自卑的孩子做选择的时候非常苦恼，但是做出选择是他们表达自己想法的重要组成部分。

♣ 自卑的孩子需要一种自主意识，他们需要积极地采取有目的的行动，从而对身边的事物施加影响。

第 9 章
Kid Confidence

我跟他们合不来

学校辅导员里卡多坐在亚当对面，说："亚当，你入学已经一个月了，感觉怎么样啊？"

"还好。"亚当平静地说。

"交到朋友了吗？"

"我不知道。"

"我看今天中午你自己一个人吃饭。"

"哦。"

"刚到一个新学校，可能不太容易适应。"里卡多轻声说。

"我不该来这里，这不是我应该来的地方。"亚当说。

"为什么这么说呢？"

"我不是运动员，和班上那些热爱体育的男生合不来。我也不喜欢电子游戏，跟那些爱玩游戏的人也玩不到一起。我有点胖，脸上还有雀斑，样子有点傻……总之，我跟谁都合不来。"

"你在这儿感觉自己像个局外人。你在原来的学校也这样吗？"

"也有点儿,"亚当说,"也许别人都不喜欢跟我交往吧。我跟别人不一样。"

每个孩子都是独特的。对于有些孩子来说,这一点让他们得意扬扬。而对于像亚当这样的孩子来说,与众不同会让他们感觉自己很不合群,像是感受到自己有缺陷一样。觉得自己是个局外人,这会让人感到极度痛苦。实际上,有证据表明,大脑对于来自社会的排斥和来自身体的疼痛,做出的反应是一样的(Kross et al., 2001a)。

孩子最早从小学3年级开始,就意识到别人是如何看待他的,这与他们整体的自我接纳水平息息相关(Harter, 2006)。换句话说,孩子的自我感受与他所认为的别人对他的看法紧密相关。上面的故事中,亚当觉得同学不接纳他。不接纳他的理由有很多,涉及他的能力、他的兴趣爱好、他的外貌。

与众不同、格格不入

孩子不合群的原因多种多样。家庭结构、家庭收入、医疗问题、种族及宗教背景、性取向、长相、学习能力等方面的原因,会让孩子觉得自己与他人不同,觉得自己是个另类。有时候,这种差别微乎其微。非主流的兴趣爱好、感受或者经历,可能在某个孩子眼中看起来非常显眼,但是对别的孩子或成年人来说,就不一定那么明显。另外一些时候,在教室里,那些让孩子遭受他人排斥的差异点,所有人一眼就能看到。

从自我接纳的角度来说,孩子如何理解这种差异,这才是关键。这些差异有多严重,是暂时的,还是永久的?这些差异,对于他们的自我认识具有核心作用，还是辅助作用？这些差异能否带来好处？孩子是经常想到这些差异，还是偶尔才会想到这些差异？他们是否觉得这些差异导致了同伴对他们不友好？自卑的孩子不光觉得自己与别人不同，而且总觉得自己比别人差。这种想法让他们内心很痛苦，他们觉得："如果我……那别的孩子会喜欢我，我的生活就完美了！"他们甚至觉得："正因为我……所以我是不配被人喜欢的，我毫无价值，我没希望了！"

"我不适合"是一种自我实现的预言

亚当觉得没人喜欢他，所以他一个人吃午饭，他也不会主动去和别人打交道。这与焦虑性孤独或者社交退缩相关。具有这类行为模式的孩子会陷入担忧、回避、拒绝的恶性循环。他们渴望归属感，但是又感到尴尬和局促。由于担心被拒绝，他们会退缩在群体边缘。他们通常不和大家坐在一起，多数时候自己玩，或者安静地看着别的孩子一起玩。

然而，他们与群体保持距离的方式，给其他孩子发出的信号是这样的：他们不喜欢和别人打交道。于是，同伴自然会忽视他们的存在。社会互动较少，这也意味着他们与其他孩子相处的机会不多，不知道如何与他人分享快乐，同时没有机会学习如何与他人相处。当他们试图主动和他人交往的时候，会显得笨拙，反而引起不必要的关注，这让他人更不敢接触他们，最终导致了他们所担心的结果——被拒绝。因为担心被拒绝，所以他们会把同伴的无意识行为解释为拒绝的信号。于是，他们进一步拒绝社交。这样，别人就会将他们视为透明人，他们会觉得轻松（"没人注意我了"）、忧虑（"要是别人说我坏话怎么办"）、伤心（"我为什么总是一个局外人"）。这些渴望融入却又退缩不前的孩子，不断地重复着类似的行为模式，最终他们对于自己不合群的担心变成了现实。

研究表明，这些具有焦虑性退缩行为模式的孩子存在患上焦虑症、抑郁症、孤独症以及自卑的风险（Rubin，Coplan，and Bowker，2009）。就像那个叫亚当的孩子一样，他们将"难以融入群体"归咎于自身的缺陷（Wichmann，Coplan，and Daniels，2004）。这让他们感到绝望：他们那么另类、那么差，别人怎么会接受他们呢？

改变叙事方式

像亚当这样的孩子，他们认为自己和他人的不同是主要问题所在。与同伴之间的差异，有时候确实会带来同伴的排斥甚至霸凌行为（见第10章），经常性的自我苛责会带来无力感，并进一步妨碍自己与他人的交往。

一方面，感受到自己与他人的不同可以帮助孩子与他人建立联系，因为这些孩子希望融入同伴群体。另一方面，这又是一种个人选择——孩子如何理解自己与他人的差异，这反映了他们的价值判断。孩子面对这些差异，会迫使自己想清楚一些重要的问题。例如：自己的真正信念是什么？自己真正在乎什么？自己什么时候会做出相应的调整以便融入群体？自己什么时候会选择与某个群体保持距离，或者去寻找其他的群体？

对亚当这类孩子来说，真正的自我接纳意味着他们能够将自身的不同放在大环境中去观察。这样，他们就能以此为乐，或者至少能够平静地接受自己的不同，而不再把这些差异看作是将自己隔绝于同伴而又永远无法翻越的高墙。差异不一定意味着不好、无价值和孤独。

提高自我接纳水平的方法

下文旨在给那些总是感觉自己是局外人的孩子提供帮助。我们主要讨论如何对待孩子给自身的差异赋予的意义，如何质疑孩子对事情的评价标准，还将特别关注与长相有关的顾虑，最后针对那些总是感到自己与众不同的孩子提供了一些方法，帮助他们找到适合自己的群体。

理解差异的意义

每天有无数的广告、新闻、社交媒体和日常互动，有意无意地向孩子传递着信息，告诉他们什么样的行为和素质是"正常的"，是社会所期待的。孩子既能够看到公然的歧视，也可以感受到隐约的冒犯。漠视和负面评论都能造成明显的影响。孩子从电视、电影、书本里看到那些长相、感受和行为与自己不一样的人，他们会觉得被忽视或被贬低。孩子敏锐地接受着这些信息，并据此评价自身的价值。不管社会和同学如何看待自己的差异，孩子需要对自身的差异形成自己的理解。

孩子如何看待自身的差异并没有一个现成的答案，具体的处理方式也因人而异。孩子感觉自己是个局外人的原因可能是：患有糖尿病、在数学"低分组"、超重等。不管什么原因，孩子都需要想清楚："我与他人的差异，对我到底意味着什么？"孩子可能因为自身的差异或者遭到的各种偏见，而感到痛苦。身为家长，我们当然不希望对此敷衍了事或者坐视不管，同时也不希望孩子因为自身差异而给自己贴上标签。关键在于孩子如何能够发现相应的环境，帮助他以健康的方式向前发展，既承认自身的差别，又不会因为这些差异而受到排斥和贬低。我们可以尝试采用下面这些方法。

让孩子向同学讲解这种差异

人们对不理解的事物，有时候会给出负面的评价。让你家孩子向同学介绍他的不同之处，这或许是一个好办法。你可以让孩子对一般性的问题提前做好准备，并帮助孩子学会辨别同学的回复是否有益。比如，如果你的女儿对花生过敏，她可以向同学说明什么是花生过敏，她是怎么发现自己花生过敏的，同学怎么做才能帮助她避免误食花生。这类情况介绍对自身有差异的孩子帮助很大，同时也可以赢得同学的理解和同情。

对恶意评论和质疑有所准备

如果你家孩子差异性比较明显，或者即使不明显还是引起了同学的注意，那么其他同学就很有可能对此有所评论。其他同学不一定心怀恶意，也许只是好奇，他们也没意识到自己的评论会让你家孩子感到不舒服。例如，一个小学生的父亲去世了，同学问他："那怎么没见你哭个不停啊？你不想念你爸爸吗？"一个配戴助听器的孩子经常会被人问道："你耳朵上戴的是什么东西啊？"不光孩子会出言不逊，大人也时常行为不妥，有人因为使用轮椅，在公共场合经常被成年人要求一起合照。很多孩子都提到自己遇到别人无礼的评论，对方还会冠冕堂皇地说："我不是有意冒犯你的，但是……"

如果孩子对这类情况提前有所准备，那么应对起来就容易得多。孩子如何给予回复，这取决于交谈的场合以及与交谈者的关系。回答方式可以多种多样，既可以是简要的解释（"这是我的助听器，可以帮我听得更清楚"），也可以耸耸肩，"嗯嗯"一声敷衍了事，还可以清晰地表示同意或者表明界限（"我不喜欢别人碰我的头发，所以请你不要碰"），甚至是直面冲突（"这个问题太无礼了"），然后直接走开就可以了。

警惕对差异的指责

有些孩子对自身的差异较为敏感，他们容易认为任何负面的情况都源自自身与他人的不同。强烈的自我关注让他们放大了自己的不同，他们的差异在自己看来非常明显，他们觉得这在他人看来也同样明显。他们甚至有意识地寻找因为差异而被拒绝的信号。这样的孩子可能会说:"她讨厌我,就是因为我戴眼镜!""他们不带我玩,就是因为我是班里唯一需要接受课外辅导的人。"这些情况也许存在,但并不一定存在。

如果孩子说这些话,家长不要直接反驳说:"我相信一定不是这样的!"如果你直接反驳,孩子一定会更坚决地说:"情况就是那样的!"这种情况下,你最好先承认孩子说的情况是有可能的,同时也让孩子想想是否有其他原因,尤其是与自身差异无关的原因。你可以指出来:"她不喜欢你,或许跟你的眼镜没关系,只是她当时有点烦,因为你当上了小组长而她没当上。""也许他们没带你玩,是因为他们并不知道你也想一起玩。他们正玩得起劲儿,没注意到你。"

培养自豪感,认识偏见

让孩子了解自己的种族、文化、民族,培养自豪感,这是让孩子以积极的眼光看待自身差异的有效方法。有很多研究表明,85%的波多黎各家庭、80%的非裔美国人家庭、66%的日裔美国人家庭会向孩子讲解他们的文化遗产、历史和传统(Hughes et al., 2006)。告诉孩子他们来自哪里,这可以帮助他们与祖先、家族以及其他具有相似背景的人形成联结。

对于种族、民族和宗教属于少数群体的孩子来说,了解自身的背景同时也意味着了解相关的偏见。这些偏见有时候明目张胆,有时候是微妙的,还有时候是无意识的。有一项针对北美白人家庭的孩子及成年人的研究,通过将图片和词汇快速关联起来进行练习,发现6岁儿童、10岁儿童以及成年人心照不宣地或者说下意识地支持白人/反对黑人的程度是相同的。然而,只有年龄最小的那组孩子会明确说出自己反对黑人。年龄稍大的孩子会声称自己少有偏见,而成年人直接声称自己对于种族问题没有任何偏见（Baron and Banaji，2006）。

对于少数群体中的孩子来说，学会理解歧视是一项重要的生存技能。否则，他们可能因为遭受了仇恨的语言和行为而产生自责。95%的非裔美国人家长会和自家孩子谈论种族歧视的问题，帮助他们认识到这种情况的存在，并有所防备。然而，与此形成鲜明对比的是，只有10%的华裔移民家长会和子女谈论偏见的问题，或许这也反映出他们的文化之中的价值观念：和谐相处更为重要。

在非裔美国家长、白人家长和具有拉丁背景的美国家长中，2/3的家长会鼓励孩子重视勤奋、正直和人人平等这些个人品质和观念，因为这些可以帮助他们在主流文化中茁壮成长，有大约1/5的日本家长表示自己曾对孩子灌输过人人平等的观念。在种族问题上，只有白人家长会明确地提倡忽略人种差别（Hughes et al.，2006；Marks et al.，2015）。这些方法中，到底哪些最适合你的家庭和你家孩子，这需要你根据自己所处的环境做出最佳判断。

寻找鼓舞人心的榜样

自卑的孩子经常会觉得只有自己遭遇到了这些困难。如果他们知道那些与自己具有同样差异特征的人发展良好，这对孩子来说会是一针强心剂。比如，你可以找一些名人传记给孩子看，甚至读给孩子听，也可以让孩子看一些电影，这些传记或电影主要关于高功能自闭症的人、非裔美国人中的著名科学家、身体残疾的著名运动员。

家族成员有时候也可以成为鼓舞人心的榜样，但是在选择的时候，家长要格外小心。选择的榜样需要是孩子敬佩并且熟悉的人。否则的话，这种做法可能会招致孩子的反感，因为这种对比似乎在暗示孩子："你的兄弟/爸爸尽管和你具有同样的差异特征，却做得非常好。你为什么就不行呢？你怎么不能像他那样呢？"这层含义只会让孩子更坚定地认为自己无能，或者觉得自己跟那些优秀的榜样根本无法相比。

处理和长相有关的顾虑

任何年龄段的孩子对自己长相的满意程度，都是衡量自我接纳水平最重要的指标（Harter，2015）。从小学4年级开始，与男生相比，女生会明显地对自己的长相越来越不满意。如果孩子的体重和同学相比有差别，这会让孩子格外苦恼。孩子认为其他孩子对自己长相上的差异性会采取负面的态度，而这种理解很有可能是准确的。即使是学龄前的儿童，他们也会觉得同伴太胖是一种缺点（Su and Di Santo，2012）。到了小学，人们普遍对小胖子印象不佳。孩子越胖，越可能成为其他孩子排斥的对象（Lumeng et al.，2010）。

在许多不同文化背景下，人们对胖人的偏见相当普遍，并对这种情况习以为常。肥胖症是一个复杂的问题，成因很多，但是主流文化视肥胖为个人品行不良，肥胖通常被形容成"令人讨厌的"。人们通常认为，感到羞耻会激励人减肥。然而，事实情况是羞耻感非但不会带来积极的变化，反而会引发无助感，带来隔阂和更多不健康的生活习惯（Pont et al.，2017）。

多数情况下，孩子会把别人的议论归咎于自己，并因此讨厌自己。美国非营利机构"常识媒体"（Common Sense Media）2015年的调查显示，在6～8岁的孩子当中，有超过1/2的女生和1/3的男生都觉得自己的体重应该更轻一点儿。在7岁时，有1/4的孩子曾经尝试过某种形式的节食。

先承认问题而不是急于解决问题

当孩子感到伤心的时候，做家长的总是急于马上解决问题。解决问题是有用的，但要放在第二步。对于感到自身有缺陷而被同伴孤立的孩子，第一步是给予强有力的支持（家庭支持）。

如果你的女儿跟你说"我觉得我有点儿胖"，你先别急着为她制订运动计划，或者教训她说"胖瘦不取决于自己的感受"。如果你的儿子说他脸上长了粉刺，或者因为自己比同学个子矮而觉得不好意思，这个时候你千万别转移话题——告诉孩子，其他的孩子有多糟糕。你先要冷静下来，倾听，让孩子感受到你的理解和无条件的包容，然后再开始具体解决办法的话题。

你可以这样对孩子说："看样子你的情绪不太好，发生什么事了？"然后，你要把重点放在孩子对自己想法和感受的描述上。根据具体情况，你可以说："他们这样说一定让你很伤心。""他们那样对待你，你肯定很生气。""其他孩子想吃什么就吃什么，丝毫不用顾虑，可是你需要费那么多心思随时监测胰岛素水平，这对你太不公平了。""出现这种情况真让人难过。"如果你不知道怎么回答，就简单地附和孩子的说法，这样孩子也会感到有人在倾听他说话。你可能要说好几句这样的话，孩子才会知道你已经听到他的话了，他才会慢慢地平静下来。

有时候，你可以问问孩子："让我抱抱你好吗？"如果这一天下来，孩子感觉非常痛苦，那么他可能会在你怀里哭出来。当孩子平静一些的时候，你可以再问他："你觉得有什么好办法吗？"如果情况确实比较复杂不好处理，你可以和孩子一起出去玩一玩，做些有趣的事。你的理解和安慰会对孩子有所帮助。

让孩子了解媒体

男孩女孩都担心自己看起来不是他们"应该"有的样子。尽管孩子不可能不接触非正常的或者不切实际的容貌标准，但是我们可以引导他们理解、分析和评估来自广告以及其他媒介的信息。随意上网搜索"明星修图照片",就可以引发一次有趣的讨论。你可以和孩子一起看看广告中的图片做了哪些修改,为什么会做这样的修图。和孩子一起找找其他不真实的图片,这样孩子就不容易被这些不现实的图片误导。你还可以问问孩子:"身体是好看重要,还是健康强壮和有用更重要?"

你也可以和孩子一起聊一聊电影和电视塑造的某个群体形象。9岁及以上的孩子,愿意将影视中积极、正面或者真实的形象与人们已经形成的僵化刻板的印象做对比。

允许家庭里面出现哪些媒体,这一点你要仔细选择。你可以把"常识媒体"对影视节目、图书、电子游戏的深度分析作为参考,看看哪些内容适合自己的家庭。将这些研究评论也分享给孩子,和孩子谈谈为什么你觉得有些媒体不适合自己的家庭。

在谈论家庭的价值观时,家长不用觉得难为情。你可以说:"在我们家,我们认为……""在我们家,我们最重视的是……""在我们的家庭中,我们关注的是……"然后,你可以向孩子解释一下原因。与这些价值观相关的个人以及家庭的故事,都可以让这些价值观形象化,从而给孩子留下深刻的印象。

综合地看待自己

自卑的孩子容易过度关注自身的某些方面,而不是将自己作为整体来看待。他们会无限放大自身的缺陷,而不是将自己作为一个整体来进行观察。

改善这种状况的一个办法,是告诉孩子,过于近距离地观察事物,会扭曲一个人的理解。你在电脑上打开一张图片,将局部不断放大,直到图片成为一团无法分辨的色块。然后,让孩子猜猜图片中的物体是什么。只有你将图片缩小到一定程度,小色块组合在一起形成了完整的形象,孩子才能够看出来图片上的东西到底是什么。这时候，你可以告诉孩子，盯着人的某个细节，和盯着图片上一个灰色小块一样，看到的信息既不准确也毫无用处。这些微小的细节确实存在，但是整体画面才有意义。

另外一个方法，是将孩子自身的差异和他们重视的人联系到一起。你不必否定或者忽视这些差异的存在，你可以说："是啊，我们家人都是这样的。我们都有圆形的臀部，但我们也有较高的数学技能。""是的，我们家人都有多动症，但同时我们也有快速反应的能力和创造力。这些都是打包成套的。"

善待自己的身体

不喜欢自己长相的孩子，有时候会对自己的身体进行"惩罚"。他们有时候会故意穿一些旧的、宽大的、难看的或者已经偏小不合身的衣服，因为他们觉得这才是他们应该有的样子。他们也可能会采取一些极端的做法减肥，比如断食或者制订一些不切实际的健身计划。一旦他们这些不合理的计划不能顺利完成，他们就会更加讨厌自己。

这时候你应该直接干预，引导孩子采用更友善温和的方式对待自己的身体。对绝大多数孩子来说，节食减肥的方式是不可取的。你可以将健康的生活方式作为整个家庭的目标，每次集中精力，只对一个小小的习惯进行调整。例如，你可以带孩子尝试晚饭后一起散步，或者报名参加健身活动，或者在放学后吃一些健康的零食。

保持良好的卫生习惯，例如洗澡、刷牙、理发、保持衣服整洁，这些都是善待自己身体的方式。

谈到穿着，家长要帮助孩子选择让他感到舒服的颜色和款式。孩子不一定要穿时尚的衣服或者昂贵的运动鞋。不过，穿着舒适美观是孩子善待自己身体的一种方式。不要让孩子穿不得体或者过紧的衣服。

帮孩子找到适合自己的朋友圈

感觉被排挤的孩子，除了需要全面地看待自己，还需要找到适合自己的群体。作为家长，我们认为自家孩子是一个独立的个体，一想到自家孩子可能属于某个群体，心里难免会有点别扭。有的家长说："我希望我的孩子是独特的。""我希望我的孩子是个领导者，而不是个追随者。"找到属于自己的群体，并不是要将自己变成别人的样子，而是要对某个群体有意识地做出选择和贡献。想要成为领导者，孩子先要能够加入一个群体。一个恰当的群体可以让孩子觉得关系融洽，并受到重视。这样的群体会鼓励而不是消除孩子的独特性。

社交群体与一对一的朋友关系

社交群体，或者叫小群体，通常由3～10个孩子组成，这些孩子感觉彼此相似而选择待在一起。社交群体与一对一的朋友关系相互关联，因为孩子喜欢和自己的好朋友待在同一个社交群体中。社交群体是孩子社会生活的一部分（见第5章）。在同一社交群体中的孩子不一定彼此都是好朋友，但是他们会聚在一起。群体能给孩子带来全新的乐趣，提供归属感，孩子之间也能相互给予支持。在个人的友谊遇到起伏波折的时候，群体能够给孩子提供缓冲。

社交群体在学龄前儿童之中就已经存在，其重要性随着孩子的年龄逐渐增长而不断增强。在1～2年级的学生中，大约50%的学生会有自己的社交群体（Witvlit et al.，2010）。到了4年级的时候，97%的学生都会属于某个小群体，不管他们是群体中的核心人物还是边缘角色（Bagwell et al.，2000）。到了7年级，超过75%的孩子经常会与一个甚至多个小群体一起活动。不到15%的7年级学生会经常只和某个朋友一起玩耍，不到10%的学生大多数时候没有固定的玩伴（Crockett，Losoff，and Peterson，

1984）。

2010年，米兰达·威特维利雅特和她的同事进行了一项有趣的研究。他们历时一年，观察小学1年级的学生在社交群体中的成长变化。他们发现，和老师、同学反映的一样，参与到社交群体中的孩子，比起那些只有一对一朋友的孩子更为友善、更加快乐，也更招人喜欢。有一对一朋友的孩子，比起没有朋友的孩子更适应学校生活。令人吃惊的是，在幸福感方面，只有一对一朋友的孩子和没有朋友的孩子更为接近。

从1年级升至2年级时，大概一半孩子的友谊类型会发生变化，大多数孩子的社交参与度会更进一步或更退一步。例如，最开始那些参与社交小群体的孩子，一年后有65%会继续留在这个小群体中，30%变成了只有一对一的朋友，而另外5%变得没有朋友。原来只有一对一朋友的孩子，一年后，45%继续保持着一对一的朋友，40%加入了某一个小群体，只有15%的孩子变得没有朋友。对于那些开始没有朋友的孩子，一年时间中，39%的孩子找到了一对一的朋友，还有22%的孩子加入了某个社交群体。

社交群体的负面影响

虽然对孩子来说，加入社交群体既好玩又温暖，但是社交群体也带来了其他方面的问题，比如相互影响、排斥异己和社交地位问题。下面，我们对这几个问题逐一进行分析。

社交群体的第一个问题是群体成员之间会相互影响。孩子最初会选择和那些与自己相似的孩子聚在一起。随着时间的推移，群体内会出现一些群体规则和对于群体成员的期望，例如成员们应该如何思考、如何行动，这样会导致同一社交群体的成员变得更加相似。孩子会主动遵守群体规则，因为他们希望自己能继续留在群体当中。所以，群体成员的态度和行为，会给整个群体带来正面或者负面的影响。如果你家孩子和重视学业的孩子一起玩，这会带动他更加重视学业。如果你家孩子和一些无心学业的孩子一起玩耍，这会给他的学习习惯带来负面影响。不仅在学业方面，社交群体中的成员在友善程度、攻击性、破坏规则、社交退缩方面都会变得相似。社交群体成员关系越紧密，这种影响就越强（Ellis and Zarbatany，2017）。

社交群体的第二个问题是排斥异己。社交群体中大家相互的称呼就意味着有些人属于这个群体（"我们"），而有的人则不是这个群体的成员（"他们"）。孩子都喜欢自己群体中的成员，觉得这些成员和自己相似，而不太喜欢群体之外的人，因为感觉这些人和自己不一样。他们觉得自己群体内的成员优点更多，自己更愿意和他们待在一起，也更愿意跟他们分享各种资源（Killen，Mulvey，and Hitti，2013；Kwon，Lease，and Hoffman，2012）。即使是按毫无意义的标准区分的群体，例如按照随机领到的球衣颜色划分的群体，群体内也会出现这样的倾向性。

对群体内成员的偏好，可能会转化为对群体外人员的反感甚至敌视。通过一项精心设计的实验，研究人员试图让孩子相信他们属于某个假想的群体，然后向孩子灌输群体内其他成员的想法。这项实验最终显示，群体的规则会影响孩子对群体外其他人的态度。当群体规则要求对他人公平友善，那么群体内的孩子就倾向于关爱他人。然而，如果群体的规则对他人并不公平友善，那么群体内的孩子就不会对他人表现出友好的态度（Nesdale，2011）。当群体有共同的敌人时，可以带来内部的团结，让内部成员感觉自己有优越感。绝大多数的家长并不希望自家的孩子通过歧视其他有差异的孩子，来建立他们自己的归属感。令人欣慰的是，孩子越来越懂得进行道德推理和思考，这有助于消除群体内的偏见，因为他们也希望能友好公平地对待他人，所以会学着去克制自己支持群体的渴望（Killen，Mulvey，and Hitti，2013；Rutland，Killen，and Abrams，2010）。

社交群体的第三个问题是社交地位问题。在孩子的许多小群体中，通常会有一个群体相对热门，比其他的群体更受人关注。孩子都希望成为其中的一员。然而，人气高的孩子不一定是最受同伴喜爱的孩子（见第5章）。这类孩子为了维护和提高自己的地位，爱发号施令，有时候具有攻击性（Cillessen and Mayeux, 2004a）。要想在这样的群体中维持一席之地，孩子需要花费非常多的时间和精力，要显得有魅力、帅气、消息灵通，这会给孩子带来压力。研究表明，加入热门的社交群体是有风险的。为了在别人面前显得前卫和有趣，热门群体的孩子更有可能饮酒或发生早期性行为（Schwartz and Hopmeyer Gorman, 2011）。

相互影响、排斥异己和社交地位这三方面问题提醒我们，在社交群体的选择方面，家长需要帮助孩子做出明智的选择。我们需要引导孩子参与友善、健康、互相帮助的社交群体，帮助孩子找到真正的归属感。我们希望并且能够切实地提供帮助，让孩子基于共同的兴趣与群体形成真正的联结。

分清融入和归属感的差别

在《活出感性》(*Daring Greatly*) 一书中，布琳·布朗把融入和归属感做了重要的区分。她在书中写道："融入是归属感最大的障碍之一。融入意味着对状况进行评估、适度调整自身以求得到接纳。归属感不要求我们改变自我，而要求我们坚持自我。"归属感指的是获得理解、接纳和认可。因为孩子的身份意识刚刚启蒙，还处于形成阶段，所以我们尤其需要注意他们和哪些伙伴相处。下面这些问题可以帮助孩子考虑某个社交群体是否适合自己。

♣ 你和他们有什么共同点？

- 你和他们在一起的时候感觉怎么样？
- 在多大程度上你需要伪装或者改变自己才能被他们接受？
- 他们是否在乎你的想法和感受？他们的想法比你的想法更重要吗？
- 你和他们在一起的时候感到轻松吗？你和他们在一起的时候，需要留心自己的言行吗？
- 你和他们在一起时需要装模作样吗？
- 他们激发你展示出最好的一面，还是最糟的一面？
- 当你犯错或者做事情没做好的时候，他们是什么反应？
- 当你感到伤心的时候，他们是怎么做的？
- 这个群体的人彼此如何相待？
- 他们如何对待群体之外的人？
- 你喜欢自己和他们在一起时的样子吗？

找到团体活动，不一定是体育活动

由于孩子的眼界较窄，他们容易认为，自己是"唯一……"的人。让孩子参加各种类型的团体活动，可以帮助他们有机会接触到更广泛的人群。形成归属感的良好方式之一，是参加运动队，当然这不是唯一的方式。或许你需要在学校之外帮助孩子找到合适的群体，例如让孩子参加合唱团、学习击剑、参加机器人俱乐部、参加夏令营，或者和表兄弟多在一起玩耍。这类兴趣小组，可以与孩子的自身差异特征相关，可以让孩子有机会表达自己，也可以让孩子培养与自己差异特征无关的兴趣爱好。这样做的主要目的是让孩子在走进屋子的那一刻感受到："这里有一群跟我一样的人！"

让孩子主动邀请他人玩耍

很多时候,孩子会垂头丧气地独自坐在那儿,因为没有人邀请他们一起玩。其中一种做出改变的方式,就是主动邀请其他人一起玩耍。刚开始的时候,孩子可能勇气不足,采取主动并不容易,可如果不主动,那就只能自己一个人待着。

一对一的方式一起活动,是两个人深化友谊的绝佳办法(见第5章),但是一群人一起做事情也有其特别的好处。和孩子一起想一想,有哪些活动适合3个或更多的人一起参与,例如一起去打保龄球、一起在公园里聚会、一起看电影、一起去吃比萨饼。开始的时候,安排的活动尽量时间短些,一般不超过两个小时,这样让大家在活动结束的时候会感到意犹未尽。

一旦熟悉了某项活动,你可以和孩子商量一下,看看还有没有别的孩子愿意参加这项活动。一起参加活动的孩子,不一定是非常亲近的朋友,可以是认识的并有过友好互动的孩子。

对于小一点的孩子,家长之间可以打电话、发短信或者发邮件一起约着玩耍。如果孩子已经过了小学3年级,也许由他们自己发出邀请更好。群发短信或邮件是不错的方式。你可以和孩子一起编写短信,确保短信涵盖了活动的地点、日期、时间、交通这些必要信息。通知信息可以提前几天发,这样活动计划会更加可行。有必要的话,通知发出一两天后,你可以留意一下,看看情况如何。

如果别人不愿意参加活动怎么办?这也是有可能的,但是提前选择大家喜爱的活动,邀请足够多的人(重点邀请那些能与你家孩子友善相处的孩子),总会有一些人愿意参加活动的。即使是大家都很忙,不能参加活动,这也锻炼了孩子主动与人交往的能力。学习邀请他人和吸引其他同伴,这对孩子来说是一种锻炼,而且别的孩子下次组织活动的时候,也会想着你家孩子。

不管这次活动是否如期举行，家长要让孩子在两三个星期之后再邀请同一群孩子一起活动。一方面，让参加活动的孩子有机会发出邀请，另一方面，你家孩子可以再尝试邀请别的孩子一起活动。

利用社交媒体

现在，孩子开始接触社交媒体的年龄越来越小。对于那些因为自身差异特征感到自卑的孩子，社交媒体会加重他们的孤独感和无力感。社交媒体让孩子更容易觉得其他人都非常漂亮、人气超高，过着令人羡慕的生活。将他人在网上展示出来的生活与自己的平常生活做比较，会让孩子变得更加顾影自怜。

当孩子沉迷于在社交媒体上建立自己的圈子、增加他人的关注和点赞的数量，并将这些东西作为评价自我的标准时，社交媒体会加深孩子的自我关注程度。他们可能会花费过多的时间去编辑一条网络帖子，或者反复刷新，想看看有多少人回复，同时心里还总在担心人们会不会公开地表达不喜欢他们的帖子。然而，他人的关注和点赞无法构建真正的人际关系。关注这些只会加重自我关注、自我评判和攀比，让孩子更加重视外在的认同。所有这些都是自卑心理的促成因素。

我强烈建议，让孩子接触手机、使用社交媒体的时间能推迟到多晚就尽量推迟到多晚。孩子就是孩子，他们还缺乏全面看待事物的能力。他们涉世未深、经验不足。推迟孩子接触手机的时间，让孩子能够远离他人自我推销的压力。成年人都难以控制自己使用社交媒体的时间，对孩子来说更是难上加难。

一旦让孩子接触手机或者社交媒体，家长一定要提前设定明确的时间限制，并且不要忘了时常留心查看，确保孩子在恰当地使用这些工具。在孩子睡觉之前，家长要记得收走手机和其他电子产品，半夜使用手机毫无益处。

一定要和孩子谈一谈使用社交媒体的方式，哪些是健康的，哪些是不健康的。在网上分享内容或者阅读朋友发的帖子是有趣的事，但重要的一点是，要让孩子明白社交媒体上的内容都是经过精心处理的。人们会选择最好的照片，会修饰自己的帖子，展示出比自己的实际情况更好的样子。单独一张精致的图片只能代表一个非常短暂的时刻，我们看不到他们另外99.9%极其平常的生活内容。我经常告诉来访者："你不能将自己的内在拿来与他人的外表做比较。"

当孩子可以通过电子设备与朋友随时联系的时候，他们需要认真地思考一下，在哪些时候他们需要独处。你可以问孩子一些问题来开始相关话题的讨论，例如："什么时候使用手机会打扰你现在的事情？""你觉得人们多长时间回复信息是正常的？""你有哪些信息需要保密？"家长需要提醒孩子，任何的电子设备都无法做到绝对私密，其中的内容很容易被截取或转发。你需要告诉孩子："对于任何你不希望被学校早晨广播播放的内容，你都不要放到网上去，也不要记录成文字。"

你还需要告诉孩子，社交媒体都是由公司经营的。该类公司的商业模式就是让用户免费地创造内容（而不是向作者和摄影师付费），鼓励人们尽可能长时间地待在网站上，并且经常查看和更新，这样人们就会经常看到广告。站在公司的角度看，让孩子迷上社交媒体，这绝对是一桩好生意。你家孩子也有可能认识一些过度使用社交媒体的同伴。

警惕"试图靠物质攀比的形式融入群体"的行为

有时候，当孩子觉得无法融入某个群体的时候，他们会转而寻求物质上的手段,借此证明自身价值或者塑造一种自我形象。在这些孩子里面,有的孩子觉得只要我穿着更时尚一点,或者我有最酷的电子产品,其他孩子就愿意接纳我。这些方法不可能有用。正如我们在第 5 章提到的:让人印象深刻不等于与人建立了联结。有一项针对 5~12 岁孩子的研究发现,那些认同"我喜欢拥有让别人羡慕的东西""如果我拥有某样东西,我的生活会更好"这类说法的孩子,显示出更严重的自卑倾向。相比那些对物质不太看重的孩子,他们的情绪更低落、更焦虑(Kasser,2005)。我们不清楚,到底是对物质的看重导致了自卑,还是自卑导致了孩子对物质的看重,或者说这两点都是由其他某些因素导致的。尽管如此,你还是有必要和孩子谈一谈试图靠物质感受到自身价值的做法。你可以问问孩子:最近买的一件东西让他的兴奋劲儿保持了多久?别人对他们买的东西是不是感兴趣?买了某件东西之后,生活发生了什么改变吗?他还记得你去年给他买的生日礼物是什么吗?

鼓励为他人服务的行为

当孩子关注"我能为他人提供什么帮助"的时候,他们就不会花太多的时间来评判自身的差异特征了。做义工可以让孩子与他人建立有意义的联结,这种行为能够对所处的群体做出贡献。尤其是可以找一些需要多人合作的事情,让孩子体会到"我做得很好"的喜悦,这是一种良好的互动和尝试。这类活动包括:定期去养老院探望老人;在当地图书馆或动物收容所帮忙;一起参与市政清洁等。

孩子的辅导员老师可能知道学校内的一些机会。比如,也许你家孩子适合帮助低年级孩子练习阅读、数学,或者在放学回家的时候,你家孩子可以帮助低年级同学穿上外套。有的学校有整理花园或者堆肥的活动,这也适合不同年龄段的孩子共同参加。

总　结

　　让无法融入群体的孩子形成真正的自我接纳的过程，包括让孩子在环境中看待自身的差异特征，懂得这些差异只是他们自身的一部分而非全部。我们还需要帮助孩子甄别流行文化中针对差异特征所传递的各种信息。此外，参与有助于培养归属感的团体活动对孩子来说也很重要。

　　截至本章，本书讨论了那些出于各种原因不接纳自我的孩子的想法、感受和行为。除此而外，我们还需要考察一下这些孩子身边更广泛的环境因素。接下来我在第 10 章里主要讲解如何帮助孩子学会处理同伴之间的霸凌和其他不良行为。

实用要点

♣ 自身的差异特征到底意味着什么，孩子需要对此形成自己的看法。

♣ 当孩子在社交媒体上沉迷于建立自己的圈子、增加他人的关注和点赞数量，并将这些东西作为评价自我的标准时，社交媒体会加深孩子的自我关注程度。

♣ 让孩子参加各种兴趣小组和社区服务，这可以帮助孩子打开自己的眼界，融入更广阔的空间。

Kid Confidence

第五部分

大 局

第 10 章
Kid Confidence

如何应对霸凌、戏弄和其他恶劣行为

自卑的孩子经常会被别的孩子取笑和霸凌。在某种程度上，同伴的恶劣行为会导致孩子自卑，同时自卑的孩子也容易成为其他孩子招惹的目标。

孩子经常会有恶劣行为

孩子之间经常会有恶劣行为发生。1998 年，黛布拉·佩普勒和她的同事将 1~6 年级的学生在操场上的行为用摄像机记录了下来。他们专门选择了一些特别有攻击性以及特别缺乏攻击性的孩子。有攻击性的孩子平均每两分钟就会出现一次恶劣行为，而那些缺乏攻击性的孩子平均每 3 分钟会出现一次恶劣行为。

孩子的行为都是自发的，他们的共情心理和解决问题的技能尚未得到充分发展。因此，在社交活动中，他们会不断地尝试自己的社交能力。所有这些因素都有可能导致孩子的恶劣行为。

我们成年人也没有实现世界和平，甚至不能把握好自己的婚姻，所以期望孩子总友好相处是不切实际的想法。然而，作为父母，我们可以教会孩子如何应对他们必然会遭遇的恶劣行为。更重要的是，我们可以引导孩子如何友善地对待同伴。

区分霸凌和恶劣行为

霸凌行为不是简单的恶劣行为。研究人员把霸凌行为定义为：在一段时间内针对某个具体个人重复出现的残忍行为（有时候，偶然出现的一次格外恶毒的行为，也属于霸凌行为），被霸凌的对象和施加霸凌行为的孩子之间存在着力量差异（Menesini and Salmivalli，2017）。换句话说，施加霸凌行为的孩子更年长、更高、更强壮，或者更有社交影响力。正是这种力量上的差异，将霸凌行为与激烈的争吵、粗鲁以及普通的无意识行为区别开来。也正是这种力量上的差异，让受到霸凌的孩子很难自卫或者反击（Juvonen and Graham，2014）。

霸凌属于严重问题。受到霸凌的孩子会出现更多的抑郁症状，自我接纳水平更低。在霸凌行为停止之后，这些抑郁症状仍会存在（Bogart et al.，2014）。"霸凌"这个词今天已经广为人知。我的一位来访者是个小男生，他曾经对我说："今天我遭到霸凌了。"当我问他具体情况时，他说："我们班的一个同学对我说，'你不要再制造噪声了'。"这个来访者并没有出现小儿抽动秽语综合征的症状，另外，那位同学提出要求的时候，当然也可以更礼貌一些。然而，这样的情况还算不上是霸凌行为。

没有力量差异的不友善行为，不是霸凌行为，只是一个小矛盾或者普通恶劣行为而已。我们自己需要为人友善，同时引导孩子为人友善，这样整个世界才会变得更加友好。霸凌行为和普通恶劣行为的区分，在于问题的严重程度不同。将很小的冲突称为"霸凌"，这会无意间告诉孩子："你太柔弱了！这些事情你都处理不了！"同时，这也让某些残忍行为的严重程度被低估。

霸凌行为的总体趋势

总体而言，各种霸凌和恶劣行为出现的频率，从幼儿园到 12 年级呈下降趋势。当幼儿园阶段的孩子被问到"你班上有人打你吗？有人骂你吗？有人背后说你坏话吗？有没有人欺负你？"这样的问题时，20% 的孩子会说"有很多"，或者至少是"有过"。到了 6 年级的时候，只有 5% 的孩子会回答"有"。到了 12 年级，这个比例降低到了小于 1%（Ladd，Ettekal, and Kochenderfer-Ladd，2017）。6 年级的时候，社交排斥和其他社会关系类细分类型霸凌行为似乎达到了顶峰。这时候的孩子愿意为了维护小团体的规矩和地位而排斥某一类的同伴（Killen, Mulvey, and Hitti, 2013）。

尽管霸凌行为的总体趋势如此，但是每个孩子遇到的情况截然不同。大多数孩子很少遇到霸凌行为。其他孩子偶尔会有此遭遇。一项跟踪 3～6 年级学生的研究发现，85.5% 的孩子始终没有遭遇过霸凌，10% 遭遇过轻微的霸凌行为，而且严重程度会不断升级，其余 4.5% 的孩子起初经常遭遇霸凌行为，在这 3 年跟踪研究的过程中，他们受到的霸凌行为在不断地减少（Boivin et al., 2010）。施加霸凌行为的人和受害者会有所重合。荷兰的研究人员花费了 3 年时间跟踪研究 10～13 岁的孩子，发现霸凌受害者中 6% 成了施加霸凌的人，而施加霸凌的人有 9% 成了霸凌行为的受害者（Scholte et al., 2007）。

哪些孩子容易受欺负

有两种排斥行为让孩子容易成为霸凌和恶劣行为的对象。一种是人际关系排斥行为，指的是某一种排斥行为，比如格外具有攻击性或者过于退缩的孩子，容易引起其他孩子的反感和排斥。另外一种是群体排斥行为，意思是：如果孩子属于某个受到排斥的群体，他们自身也会遭受偏见。更复杂的是上面两种类型会有重合。例如，当孩子的行为与其性别不符的时候（比如特别具有攻击性的女孩和特别退缩的男孩），比起那些具有典型性别问题类型的孩子（有攻击性的男孩和软弱退缩的女孩），他们与同伴的交往难度会更高（Kochel et al., 2012）。不仅如此，群体排斥行为还会引发人际关系排斥行为。例如，一个女孩在遭到群体排斥后，她会更加退缩，而同伴会更感觉她不好相处，从而导致人际关系排斥。

孩子所遭遇的来自同伴的恶劣行为，不一定会产生毁灭性或者永久性的伤害。来自欧洲的一份关于网络霸凌的研究报告，给我们带来了希望。研究人员发现，对于11~12岁的孩子，如果他们遭遇过网络霸凌，其中38%的人当时就能够摆脱其影响，49%的人表示他们只需要几天的时间就可以摆脱其阴影，11%的人表示这种影响会持续几个星期，只有2%的人说他们受到的影响会持续几个月或者更长的时间（Livingston et al., 2011）。另外一项研究表明，初、高中阶段的孩子，其中75%在某些时候曾经遭遇过霸凌行为，但是只有15%表示自己受到了负面影响（Hoover, Oliver, and Hazler, 1992）。尽管我们无法判断这些研究项目中的孩子遇到的是真正的霸凌行为，还是普通的恶劣行为，但是我们很乐于看到，大多数同伴间的恶劣行为对孩子不会产生持久的伤害。那些很快能够走出霸凌或恶劣行为影响的孩子，可能是得到了来自家庭的帮助，或者来自在学校同学的支持，所以他们能够更好地应对霸凌和恶劣行为。另外一个原因，可能是他们遭遇的恶劣行为本身就是非常短暂的。

如果你家孩子遭遇了恶劣行为，并且这些行为给孩子带来了严重的影响，那么你该怎么办呢？与那些偶然的霸凌行为相比，持续不断、日趋严重的霸凌行为会给孩子带来更严重的负面影响（Ladd，Ettekal，and Kochenderfer-Ladd，2017）。多数同学不喜欢的孩子更容易成为恶劣行为的对象。这些孩子认为，受到捉弄和受到威胁、产生肢体冲突一样严重（Newman and Murray，2005）。这些不受人喜爱的孩子容易对一些细小的冒犯过于敏感，因为他们受到的戏弄太多、太频繁。另外，他们对一些小事容易反应过度，也让他们更容易遭受戏弄和霸凌。

如果你家孩子遭遇了霸凌和恶劣行为，你该怎么办

一旦得知自家孩子遭遇恶劣行为，家长很容易立即进入一种"母狮护崽"的全面保护模式。很显然，如果存在人身伤害的危险，你需要立即介入以确保孩子安全。或许你需要立刻联系老师、校长，或者给校车公司发邮件，同时抄送给公司的负责人。然而，你要明白，你家孩子对事情经过的叙述可能并不完整。例如，儿子告诉你："他踢我椅子！"但他没有告诉你，那孩子在踢椅子之前，跟你儿子说了5次让他将椅子挪开。

孩子遭受了霸凌行为以后，通常不愿意告诉成年人。因为他们担心情况会变得更加糟糕。事实上也确实存在这种可能性。有一项针对3~5年级学生的研究发现，有些孩子曾经将自己遭受霸凌的情况报告给学校或者家长（监护人）。可是，1/3的孩子表示学校没有进行干预或者做得非常有限；不到1/5的人表示报告之后霸凌行为完全停止了；大概1/10的孩子表示，报告之后霸凌行为仍然持续并且变得更加严重（Kevorkian et al.，2016）。

我们需要谨慎地采取行动，避免因为方式不当从而导致孩子与同伴之

间的矛盾升级。在孩子能够自己解决问题的时候，家长最好不要干预。你可以给对方孩子的家长打电话，说他们家的浑小子欺负了你家的乖孩子，但是相比之下，想办法让孩子自己学会处理当时的状况，恐怕会更有帮助（对方家长不可能对你的做法欣然接受）。

另外，我们不能放任或者忽视孩子之间的矛盾。如果孩子将自己遭受霸凌的情况告诉成年人，得到的却是漠不关心甚至是批评，这对孩子来说是无法承受的。仅仅告诉受到霸凌的孩子"你要强悍一点"或者"你自己有能力解决的"，这样做也没有用。如果孩子根本不知道如何应对，或者已经努力了却仍然不能改变现状，这种方式尤其无效。

或许大家都听过，有的孩子遭遇了霸凌，当他们给予对方有力的反击之后，一切万事大吉。然而，反击行为不可能会阻止霸凌行为。首先，你不能指望施加霸凌行为的孩子会觉得："啊！既然你对我这么凶狠，那我对你友善一点吧。"恰恰相反，他们很可能会更凶狠地回击，以维护自己的强势地位。其次，施加霸凌行为的孩子很善于选择那些身体、精神或者社交方面比他们弱的孩子作为霸凌对象。对柔弱的孩子而言，他们需要的不是马上变得强悍，而是需要适当的引导和实际的支持，来应对当时非常困难的局面。

反霸凌计划

霸凌行为和其他恶劣行为都不容易解决。单纯的一项零容忍政策是无法阻止霸凌行为的（American Psychological Association Zero Tolerance Task Force，2008）。我们需要在各个层面上采取考虑周全的干预措施。我们需要让教师和家长更加警觉，提高孩子的共情能力，向孩子传授解决问题的技能，要动员目击者发声保护弱小的孩子，我们还需要营造更加包容的校园和社区环境。然而，目前运转最好的全面反霸凌计划也只能减少20%

的校园霸凌行为（Menesini and Salmivalli，2017）。不管减少了多少霸凌行为，这都是好事，只不过这还远远不够。况且，如果孩子遭遇了霸凌，那么你根本等不及宏大的反霸凌计划发挥作用。你需要立即着手处理眼前的问题，让孩子明白现在该怎么做。

孩子遇到霸凌情况时有哪些反应

当孩子遇到霸凌或其他恶劣行为时，他们的反应方式会极大地影响霸凌行为是否会停止、持续甚至恶化。然而，如果我们想搞清楚孩子以什么方式应对霸凌和恶劣行为最有效，答案只能是非常含糊的"视情况而定"。根据不同的情况——孩子遭遇的霸凌类型、严重程度、社会包容度、霸凌对象是男生还是女生，以及是否经常遭到戏弄，孩子对霸凌行为会有不同的应对办法，也会带来不同的结果（Visconti and Troop-Gordon，2010）。

巨大的情绪波动，不管是发怒还是哭泣，都让孩子更容易成为受霸凌的对象，这一点是确定无疑的（Kochenderfer-Ladd and Skinner，2002）。然而，除了这一点，我们很难给出清晰的答案，告诉遭受霸凌的孩子应该如何应对。研究表明，应对措施和霸凌行为之间的关系非常复杂。比如，只有同伴愿意提供帮助时，寻求同伴的帮助才是一种有效的方法。对男孩子来说，请求支持是有代价的，因为这让他们看起来不那么酷，多少显得有点无能（Visconti and Troop-Gordon，2010）。

对霸凌和其他的恶劣行为，不予理睬也是一种常用的应对方式，这样虽然可以让孩子看起来不是一个有趣的霸凌对象，但也会让受霸凌的孩子看起来消极被动、好欺负，或者让那些有攻击性的孩子变本加厉地刺激受霸凌的孩子。不理睬的方式也让受害者更焦虑、更孤独。

解决问题通常是解决同伴冲突的好办法。然而，据那些受霸凌的孩子说，当他们尝试解决问题的时候遭到了进一步的排斥。也许是问题本身比较严重，不是孩子自己可以独立解决的。也可能是因为这些孩子处理问题的方式比较笨拙，不仅没有解决问题，反而进一步激化了矛盾，让同伴觉得受霸凌的孩子是在惹事，而不是在解决问题。当同伴觉得遭遇霸凌的孩子的做法导致了霸凌行为，他们会对遭遇霸凌的孩子感到反感，甚至觉得他们遭遇霸凌是自找的（Graham and Juvonen，2001）。

对于受戏弄的孩子来说，最糟糕的做法就是将关注点转向自己。他们因为遭受了恶劣行为而指责自己（Shelley and Craig，2010）。任何人都不该被残忍对待！这一点毫无疑问！

提高自我接纳水平的方法

自卑的孩子容易将同伴的恶劣行为归咎于自己，同时感到很受伤。这些孩子需要告诉自己："这个事不是因为我！这是别人希望通过打击我而感到自己强大。我自己无法制止这种行为，但是我用不着以受害者的身份配合他。"虽然对于受欺负的孩子该怎么去做，我们没有简单直接的答案，但是根据具体情况，家长可以尝试下面这些办法。

想清楚是否举报以及如何举报

幼儿园和小学1年级的孩子在遭到同伴的恶劣行为时，会立即跑去告诉成年人。年龄稍微大一点儿的孩子需要更谨慎一些，因为同伴会因为这类报告行为而鄙视这个孩子。如果恶劣行为可能会给孩子带来危险或者恶劣行为反复发生，或者施加恶劣行为的孩子更为强壮，让你家孩子很难独自应对，那么你家孩子应该将这种情况报告给老师或辅导员。请提醒孩子，不要声张说"我告诉老师了"，最好私下将情况报告给成年人，这样可以尽量减少来自同伴的排斥。

如果孩子不想报告这个问题，而你也觉得问题没有严重到一定要报告的程度，那么也可以采取其他的处理方式。课间休息的时候，你家孩子只要和其他孩子站在一起，或者与成年人站在一起，就可以避免遭遇恶劣行为。另外一个办法，就是提醒老师和同伴注意这个问题，但是不要传闲话。具体方法就是，当具有攻击性的孩子说了难听话时，你家孩子就可以大声说："不许你这么说！""你说这种话太恶劣了！太坏了！"然后，你家孩子就可以离开那个孩子。大多数孩子都不认为自己是恶劣的，所以他们也不喜欢被当众呵斥。你可以和自家孩子练习这个做法。

争取老师的帮助

即使孩子不愿意将霸凌行为或其他恶劣行为报告给老师，作为家长，你可以选择向老师报告。老师是非常重要的渠道，可以帮助搞清楚事情的状况，在必要时介入冲突保护你家孩子，营造一个让每个孩子都感到安全、包容和接纳的环境。如果孩子觉得老师希望他们友好相处，那么孩子排斥同伴的可能性就会降低（Nesdale，2011）。

教室内进行的活动有助于培养班级内的团结气氛。合作式的游戏以及分享式对话可以加强同学之间的了解，帮助孩子友善相处。精心设计的合作学习项目，可以帮助不同种族、民族和能力的孩子在一起平等合作。一般来说，这样的项目有助于同学更加友好融洽地相处。在这些学习项目中，每个孩子都得到部分的项目信息，他们需要互相指导、互相学习，最终才能够一起完成任务（Paluck and Green，2009）。

同伴之间需要友善、合作、互助，而不仅仅是没有恶劣行为，这对孩子的心理健康非常重要（Troop-Gordon and Unhjem，2018）。友好的社交环境，更容易让孩子主动与人交往。例如，一项针对5～6年级学生的研究发现，在一年时间内，如果来自同伴的排斥变少，焦虑退缩的孩子也越来越积极地与同伴交往（Gazelle and Rudolph，2004）。

提前练习如何回应戏弄行为和无礼问题

在孩子（尤其是男孩子）之间，戏弄行为时有发生。这倒不是说戏弄行为是正确的，只是说学会应对这种常见的行为而不要过度反应，这对孩子来说是一项必要的社交技能。

你可以帮孩子做一个列表，列出各种回应方式，告诉戏弄者自己觉得戏弄行为非常无聊。告诉戏弄者自己对捉弄行为感到无聊，这是关键。任何一点儿发怒或者心烦都有可能带来更多的捉弄。你要告诉孩子，不要说一些恶毒的话，或者迎合那些戏弄人的孩子。孩子需要做的，就是对戏弄行为表现得毫无兴趣。你和孩子列出来的回应方式，要符合孩子的年龄和个性。下面列出了一些可能的选项。

"哦。"（耸耸肩）

"那又怎样？"

"多谢关心。"

"太搞笑了，我都忘了笑了。"

"真的吗？我从没听说过！你是第一个告诉我的人。"

"我知道是怎么回事儿，所以我不会听你的。"

你可以跟自家孩子进行角色扮演，帮助他熟练使用这些话。你可以随便编一句攻击的语言，例如："你真是个呼噜小子！""你身上有个吉利麻子！"这种瞎编的话不会让孩子觉得有任何伤害。然后，让孩子从上面的列表中随便选一句话做出平静的回应。

你要提醒孩子，没有任何一句回应能让那些戏弄他的人立刻停下来。说这些话的目的，是要告诉对方自己毫无兴趣，从而防止戏弄行为升级，或者吸引其他孩子参与进来。这样一来，如果你家孩子对这种戏弄行为既没有反应，也不害怕退缩，那么戏弄人的孩子也就失去兴趣了。

不要理会居心不良的闲话

有一种霸凌形式相对隐秘，就是通过传播谣言诋毁他人的名誉，包括传播诋毁他人的信息，对他人进行负面评价，或者编造虚假信息让同伴对某人产生反感。

孩子之间会经常传闲话。在2007年，克里斯蒂娜·麦克唐纳和她的同事将4年级女生按照两个好友一组的方式进行分组后，用摄像机镜头记录了她们进行的简短对话。在15分钟内，平均每组女生会有36段闲话，涉及25个不同的人。摄像机记录的闲话并不恶劣。超过50%的内容是在分享信息。另外25%的内容是些好玩的事，包括分享一段搞笑或者有趣的故事。只有7%的内容带有一点儿侵犯性质，可能会伤害到他人的名誉。

闲话也有好的一面。这些闲话可以帮助孩子搞清楚社交群体中的同伴关系。谈论他人，让孩子懂得哪些行为是同伴可以接受的，哪些是不可以接受的，帮助他们分清楚孩子之间的关系如何，哪些人值得信赖。然而，恶劣的闲话非常有害。

很多孩子会因为有人背后说闲话而感到烦恼。这样的烦恼毫无益处。不管我们是否喜欢，人们都有权发表自己的看法。我们可以采取更积极的态度，意识到我们不在场的时候，别人发表的任何评论都与我们无关。这一点对孩子来说很难接受。他们会争辩说："他们说的是我啊，我当然需要知道！"事实并非如此，孩子并不需要知道。

试图监督别人发表的言论内容毫无作用。当你主动问对方"你们是否在说我，你说了我什么，她说了我什么"时，别人会觉得你太把自己当回事了，这无异于火上浇油。

你要告诉孩子："如果造谣者没有胆量当面对你说，那你就不用理会。那些理解你、关心你的人不会受影响，会继续理解你、关心你。这种流言蜚语并不会造成影响。"与此同时，家长也要提醒孩子，不要传播那些听来的恶劣评论。那样做只会将这种恶劣的做法传递下去。

关于网络霸凌

网络霸凌指的是在进行电子通信的过程发生的霸凌行为。网络霸凌行为不像其他类型的霸凌行为那样普遍。一项针对美国40多万3～12年级的学生进行的问卷调查显示，大约17%的学生声称他们遭受过语言霸凌，而只有大约4%的学生声称自己曾经遭遇网络霸凌。这两种霸凌形式也有重合：遭受过网络霸凌的孩子，其中88%曾经在日常生活中受到过某种形式的霸凌（Olweus，2012）。

然而，网络霸凌的某些特点会让这类霸凌行为给孩子带来格外的痛苦。网络霸凌通常是匿名的，或者是用虚假身份进行的，这让孩子搞不清楚是谁出于什么原因在攻击自己。这种做法公开性强，易于传播。遭遇霸凌的孩子会觉得无处可逃，因为网络霸凌可以发生在家中甚至卧室里。

与应对传统形式的霸凌一样，打击网络霸凌需要从孩子教育开始。我们需要将道理梳理清楚，给孩子具体的指导，让他们明白哪些行为在网络上是不可接受的。

- 不要转发别人的消息，因为如果发送者希望别人看到这些信息，那发送者自己会发的。
- 不要在网络上假装成别人。那样做不好玩，而且具有欺骗性。
- 不要在网络上说别人的坏话，因为这类评论会永远留在网络上，并像癌症一样传播。

- 不经他人同意，不要在网络上发布他人的照片或者相关的视频内容，尤其是那些令他人难堪的内容。
- 不要因为你看不到他人的面孔，就肆无忌惮地伤害他人。

父母需要不定期地进行抽查，确保孩子使用电子通信手段的方式是安全的、适当的，并提醒孩子：在网络上，没有什么事情是可以做到完全私密的。网络霸凌的常见形式之一是：设计圈套引诱某人说其他同学的坏话，然后将这些内容记录下来，再将其转发给被说坏话的同学。另一种形式是：在视频聊天的过程中，引诱对方在镜头面前对其他同学进行负面评论，之后镜头一转，被评论的同学就在旁边一直看、一直听。

孩子一旦遭受网络霸凌，为了取得孩子的信赖，你一定要保证自己不会发作，不会禁止孩子使用一切的电子设备。你要告诉孩子用下面这些步骤应对那些恶劣的网络信息。

- 不要回复。回复只会让事态升级。
- 截屏。如果网络霸凌很严重，或者持续时间很久，孩子需要向他人求助，这时候需要用到截屏。
- 将发送信息的人屏蔽掉，或者与其对话，然后收集语言攻击的证据。
- 告诉成年人。网上的恶劣行为会让人非常痛苦，孩子不要独自应对。

另外家长要注意，孩子和同学一起过夜的时候，需要把所有的手机都收起来，这样可以避免很多问题。

对霸凌事件的解读

身为父母，我们无法确保孩子不会遇到坏事、难事。可能所有的孩子都会遇到同伴的某些恶劣行为。有些孩子遇到的恶劣行为比较轻微，他们可以很快恢复。还有些孩子遇到的情况可能要更加严重、持久。

如果你家孩子成了霸凌对象，那么帮助孩子恢复的第一步就是要制止霸凌行为。这通常需要成年人的干预，有时候不得不给孩子转学，或者从家庭及其他团体中寻求帮助。

霸凌行为一旦停止，下一步是要向孩子解释，帮助他理解所发生的一切。为了防止孩子陷入自我批评，防止孩子认为整件事都是由自身缺陷和无助导致的，家长这时候需要肯定孩子的优势和价值，这样才更有可能帮助孩子不断成长。

你的解读可以是这样的：

> 其他孩子对待你的方式是错误的。任何人都不该被如此对待。我真希望自己当时能够保护你，免得让你遭遇这些事。然而，我也很为你骄傲。你当时本可以选择对他们凶狠，但是你没有这样做。你本可以把自己蜷缩起来选择放弃，但你没有放弃。我相信这些经历对你的成长一定有益。或许有一天，你能够帮助到其他受欺负的人。我知道，在这个过程中，你很挣扎，也很痛苦。面对这些事情需要你付出很大的勇气。我觉得这是你认识自己的一个机会，你在这个年龄就可以面对如此困难的情况，而且在他人的关心帮助下，你克服了这些困难。

总　　结

如果你家孩子遭遇了霸凌，你就会和孩子一样难过。没有一个简单的办法，足以应对所有的情况。所以，家长需要和孩子一起商量各种应对的办法。有时候，自卑的孩子会因为遭到霸凌而埋怨自己。在这种情况下，家长要直接坚决地反驳。任何人都不该被残忍地对待，你家孩子完全不该为施加霸凌行为的人找理由。如果你家孩子有危险，或者感到害怕，你需要通知学校管理人员确保你家孩子的安全，这时候即使孩子反对，你也应该这么做。如果恶劣行为比较轻微，并且不涉及力量差异，你可以教会孩子一些办法让他自己应对。

截至本章，本书讲解了自卑的孩子应对各种困难情况的办法。这些困难情况包括人际关系的问题、需要投入大量精力解决的问题、因过度完美倾向而难于自主决策的问题、寻找归属感的问题，以及应对同伴之间恶劣行为的问题。我们强调，降低孩子的自我关注度可以帮助孩子更积极地发展。下一章我们将讲解孩子消除了自我论断、自我批评以后，逐渐形成内心的平静时所获得的积极体验。

实用要点

- 恶劣行为在孩子中很常见。
- 不涉及力量差异的不友好行为，不能被称为霸凌行为。
- 相对于那些已经停止的霸凌行为，持续不断、日趋严重的霸凌行为对孩子的危害更大。
- 制止霸凌行为的过程通常需要成年人的干预。

第 11 章

Kid Confidence

真正的自我接纳与心态平和

我有一个来访者是女中学生。有一次，她鼓足勇气告诉了我她内心最深的恐惧。她非常紧张，说话的时候人在发抖："如果我长大后变成一个普通人，那可怎么办呢？"我经常看到这种恐惧，尤其是在那些聪明、有才华的孩子身上经常看到。实际上，这反映出一个非常深层次的问题：他们努力上进，同时极度关注自我，由此导致了他们的自我接纳水平很低。

在我执业的过程中，几乎每个来访者的家长，在某些时候都会告诉我："我家孩子有点儿自卑。"外人很难看出这些孩子是否自信。然而，这些孩子的家长看到过他们由于作业不会做而在深夜哭泣，或者担心自己所说的话、所做的事显得怪异，或者疯狂回避任何让他们显得不完美的事情，或者因为一点小错而自我苛责。我认为，这些家长所说的情况，源于孩子脆弱的自我价值感。一个小小的错误、一句温和的批评、一次轻微的怠慢都会让这些孩子感到崩溃，为自己的不足感到绝望。

历史与现状

20世纪90年代，人们在给每个孩子颁奖时会让孩子欢呼："我是独特的！"基于现在的观点，我们会觉得这种做法很傻。

很显然，空洞的欢呼无助于孩子形成真正的自信。然而，现在的孩子成长的文化背景中都在以寻求赞美为重心。这种文化氛围对孩子的健康成长非常有害。正如本章开头提到的那个女生一样，我在执业过程中接触到的青少年都觉得自己的生命只有两种选择：或者受人瞩目，或者毫无价值。

当下的各种媒体都充斥着青少年焦虑和抑郁的新闻。我所看到的，是包括低龄儿童在内的孩子对自身形象日益严重的担忧。6年级的孩子会因为自己发出的自拍照无人点赞而感到被排斥。5年级的孩子会觉得自己没有朋友是因为自己的运动鞋不够酷。4年级的孩子对刚刚组建的棒球队感到失望，原因是比赛还没有开始。3年级的孩子因为拼写考试没有考好而哭鼻子，因此觉得自己再也没有机会考上好的大学。2年级的孩子因与妹妹吵架而被父母责骂，一边哭一边说："我是这个世界上最糟糕的孩子！"1年级的孩子因为自己体重比同学重，感到很丢人。所有这些孩子都在进行自我评判，都认为自身存在缺陷。

追求优秀和引人注目，这让接受这些价值观念的孩子倍感压力。这些孩子一旦无法做到时时刻刻优秀迷人，他们就会感到崩溃。有的孩子因此给自己更大的压力，试图证明自己的价值。有的孩子因感到灰心丧气而放弃。有的孩子甚至因为担心看起来不够优秀，或者因为需要付出努力才能掌握技能而感到丢脸，而不愿意尝试。

真正实现自我接纳的全面之法

自卑的孩子的问题不在于他们觉得自己无能，而在于他们陷入了无休止的自我批评。先入为主的自我判断带给他们巨大的痛苦，破坏他们与他人的关系，并阻碍事情的发展。过于关注自我提升、自我保护、自我防卫和自我评价，这些分散精力的做法让人非常痛苦，并且会阻碍孩子与他人建立满意和健康的关系（Leary，2007）。

本书提供了很多方法，用于帮助那些受到自卑困扰的孩子。然而，没有一种方法旨在提高孩子的自我接纳水平，或者让他们相信自己非常了不起。事实上，本书提供的方法不同于提升孩子自我接纳水平的传统观念。恰恰相反，本书提供的办法都是通过帮助孩子满足对"联结、能力、选择"这三方面的基本需求，来消除他们严重的自我关注（Ryan and Deci，2000）。

本书关于联结的部分，重点讲述了家长如何帮助孩子与父母、兄弟姐妹以及同伴建立健康的关系。这些关系给孩子提供了稳固的支撑基础，让他们可以从负面的自我关注中解脱出来。

关于能力的部分，讨论了家长如何帮助孩子热爱学习，并让孩子认识到当时的成绩只代表那一时刻的水平，而不意味着他们的能力从此一成不变，更不能代表他们的人生价值。当孩子认识到自身可以通过持续学习不断成长，同时自己的能力也得到增强时，他们会持续不断地努力，而不会轻易放弃或者因为犯点儿错误就自我苛责。

关于选择的部分，讨论了如何帮助自卑的孩子找到表达自己的方法，帮助他们学会对在乎的事情做出选择。家长需要帮助孩子评估流行文化对个人行为、个人形象的期望。此部分还讨论了家长帮助孩子找到适合自己的群体，从而获得真正的归属感。

一旦孩子在"联结、能力和选择"这三方面的需求得到了满足，他们就有能力摆脱不断的自我评价和为了证明自身价值所做出的行为。他们虽然不会因此觉得自己了不起，但是一旦形成了这样的自我接纳，孩子就会忙于自己的生活，而没有时间纠结于自我评判。

本书的大部分内容，都是为了帮助孩子实现自我接纳。我们提出了帮助孩子摆脱自我评判的具体办法。然而，除了减少无休止的自我关注，真正的自我接纳究竟是什么样的呢？我们要达到什么样的目标呢？

自我安静与真正的自我接纳

在心理学领域，人们对"自我安静"（quiet ego）这个概念越来越有兴趣（Leary and Diebels，2013；Wayment and Bauer，2008）。在2015年，海蒂·韦曼和她的同事把"自我安静"定义为这样一种状态：当人处于这样的状态中，就会把自我放低，这样才能倾听他人和自己的声音，从而以更人性、更有爱的方式面对人生。"自我安静"意味着进入一个不被自我评价所充斥的世界，以理解和同情看待自己和他人，让人既能够清醒地认识当下，又可以自我成长。"自我安静"是真正的自我接纳的终极状态。

"自我安静"源于"脱离自我关注"的哲学传统理念。"自我安静"，并不意味着自我贬低（这也是自我关注的一种形式），而是认识到我们每个人都只是广大宇宙中微小的一个点，而不是宇宙的中心，因此要忘记自我。

很多研究工作向我们展现了"自我安静"是什么状态（Leary et al.，2017）。"自我安静"的人，通常冷静、自信，又不吸引人们关注他们自身。

他们专注于当下,而不忧虑未来、悔恨过去。他们不太会为自身的遭遇而生气,因为他们不认为这些事情针对自己,也不会花精力去思考为什么这种事让自己碰上。面对错误,他们不会采取防卫的姿态,也不会过度在意自己的公众形象。他们善于以"我们"而不是"我"来展开思考。在与人交往的过程中,他们通常亲切和蔼。

在日常生活中,大多数成年人都无法绝对做到"自我安静"。所以,我们怎么能期待孩子,尤其是那些自卑的孩子做得到呢?形成"自我安静"的过程,需要具备各种能力,包括换位思考、共情、道德评价、群体归属感(Bauer,2008)。这些能力对孩子来说,只能通过缓慢培养的方式逐渐养成,而这一过程绝对值得家长用心培养、用力支持。

苏珊·哈特在2017年对儿童自我接纳进行了广泛的研究,之后她表示在孩子身上几乎看不到"自我安静"。我不同意这一观点。尽管孩子容易发生自我关注的情况,但是在某些情况下,他们比成年人更容易形成"自我安静"。回想一下,你最近一次看到孩子好奇地自我探索,或者聚精会神地完成一个项目,或者与朋友一起的开怀大笑的情境。这些情境非常不同,但都是他们放下自我关注的珍贵时刻。

对多数人来说,"自我安静"是灵光一闪,可望而不可即,我们也无法随时做到。令人高兴的是,每个人包括孩子,都有机会体会到"自我安静"状态。这种感受可能非常短暂,但是可以让我们体会到超越了自我关注会是怎样一种体验(Leary and Guadagno,2011)。下面列举了一些"自我安静"的状态。虽然我们不可能随时都能达到这样的状态,但是偶尔体会到一两种此类状态,也会让我们备受鼓舞。

正　念

"正念"(mindfulness)指的是集中所有的注意力关注当下,但是不做任何评判（Kabat-Zinn，1994）。正念可以是冥想练习的一部分，也可以是对当下的省察。练习正念有助于减轻让自己内心躁动的自我关注。

研究表明，幼儿园时期的孩子进行正念冥想，可以帮助他们缓解压力，降低攻击性，提高认知能力（Flook et al.，2015；Schonert-Reichl et al.，2015；Zenner，Herrnleben-Kurz，and Walach，2014）。

低龄儿童可以进行正念练习吗？可以！但他们不是按照成年人的方式进行练习。他们能够在一小会儿的时间内，或者几分钟内集中注意力，体会自己和周边环境发生着什么。即使是4岁的孩子，也可以按照大人的引导专注于自己的呼吸，或者观察瓶子中缓缓落下的亮片。5~8岁的孩子能够越发清晰地意识到自己的思想的持续性（Pillow，2012）。他们能够集中注意力倾听一个声音，直到声音逐渐消逝，或者从头到脚体察自己的身体感受。走神的时候他们也可以将注意力转移回来。在家长的引导下，年龄稍大的孩子可以注意到自己的思想，而不必相信、判断或改变自己的思想。孩子也可以练习凝神体会关爱和友善。

正念只有经常练习才会发挥作用。通过手机应用程序将冥想介绍给孩子是个好办法。最好选一款专门为孩子设计的应用程序，然后和孩子一起进行练习。

心　流

米哈里·契克森米哈赖2008年提出了"心流"（flow）这个概念。它代表着一种状态，就是当我们全身心投入去做一件事情，我们完全意识不到自我和时间。我们完全沉浸于事情本身，而不再担心可能发生的结果。当任务的难度与我们的能力相当，心流的状态最有可能出现。如果任务太困难，我们会感到焦虑；如果太简单，我们会觉得无聊。心流会使人全身心地关注当下，让人体会到深度的满足感、强烈的愉悦感以及个人的存在意义。

一生当中，我们体会到的"心流"越多，幸福感就越强。或许，你见到过自家孩子在玩乐高、画画、读书、游泳、投篮，甚至挖沙子的时候沉浸在心流状态中。你可以向孩子描述一下什么是心流，然后问问他哪些活动会让他感受到"自我安静"的美好状态。

共　　情

我们把思想扩大到自己之外的范围，是"自我安静"的组成部分之一。共情（compassion）指的是关心他人所遭受的痛苦，并促使自己为他人提供帮助（Goetz，Keltner，and Simon-Thomas，2010）。虽然帮助他人可能给自己带来益处，但共情主要还是对外的，关注的不再是自我，而是受到伤害的那个人。个人的痛苦会阻碍共情的产生。如果孩子自己感到很伤心，他们就会逃离某个场景，先让自己平静下来，而不会去帮助他人（Eisenberg et al.，1989）。

孩子通过感受来自父母的共情来学习共情。家长关心朋友，这会带动孩子在朋友遭受伤害或者感到伤心的时候，为朋友感到担心。另外，在社区里面做义工也有助于孩子学习共情。

精神升华

乔纳森·海特在 2000 年提出"精神升华"（elevation）这个词，用来描述当人们目睹"道德之美或者美德行为"时所产生的感受。例如，当我们在一段新闻报道中看到舍己为人的英雄事迹，我们可能会受到感动和鼓舞。精神升华会带给人一种温暖的感受，让人敞开心扉，人们会感觉到自己的心胸正在变得开阔，有一种强烈的愿望去帮助他人。精神升华让人们走出自我，对人类感到更加乐观。这也会激励我们去关心他人（Schnall，

Roper, and Fessler, 2010), 甚至会提升我们在宗教信仰方面的灵性（Van Cappellen et al., 2013）。

尽管目前有关精神升华的研究主要针对的人群是大学生和成年人，但是研究的结果看起来对八九岁或者年龄更大的孩子也同样适用。温暖人心的小说和电影也可以让孩子体会到精神升华的喜悦。

敬　畏

"敬畏"（awe）是另一种"自我安静"的状态。当人们遇见了极其美丽和伟大的事物，自身无法理解，会感到神奇，同时心灵备受震撼，这样的感觉被称为敬畏。这种感受可能来自恢宏的自然景观，也可能源自一段美妙的音乐或一件精美的艺术品，或是来自一次令人感动的宗教体验。敬畏让我们感受到自身的渺小，愉快地体会到自身的微不足道，但是我们又和那些自己无法理解的事物相互联结。这种感觉让我们不再关注自身，而将注意力转向了更为开阔的外部世界。敬畏会激励出慷慨和互助行为（Piff et al., 2015）。

敬畏状态的研究对象仍然是成年人。然而，对小学高年级的学生以及更年长的孩子来说，这样的状态也并不陌生。带孩子去海滩、去远足，或者带孩子一起凝望星空，这些都是帮助孩子体会敬畏的好办法。

超越自我关注，实现真正的自我接纳

今天的孩子正面临着前所未有的压力。从重要的考试，到无休止的社交媒体，再到竞争激烈的体育比赛和课外活动，孩子生活中的点点滴滴都在被评判。加上竞争全球化、经济不平等不断加剧，父母面临着工作变化，所有的一切确实都会给孩子带来自我怀疑。

　　这些因素会引起很多孩子对自身价值的怀疑。当孩子的理智和清醒逐渐被自我评判所代替，他们就会努力让自己看起来状态良好，或者担心自己比不上别人。他们害怕受到批评，害怕失败，所以他们退缩、逃避，掩饰自己的错误，被痛苦的无力感折磨得不知所措。

　　我们需要彻底改变对自尊的解读。我们非但不要倡导提升自尊心，还要想方设法超越自我关注。当孩子不再关注自我评估、比较、保护、防卫、提升，不再想着如何提升自我形象，他们就能更加敞开心扉，同情他人，专心地投入学业，不断地超越自我，寻求更大的价值认同。

　　排斥、失败和不确定所带来的痛苦，让我们轻易地进入自我批评模式。然而，我们可以迅速地意识到自身的状态，并学会更温柔地对待自己。我们意识到了自我评判的害处，我们可以寻求培养"自我安静"的方法。我们也需要引导孩子选择更为健康的发展道路，而不要陷入无休止的恶性循环，试图去证明自己的价值。

　　我们的孩子不需要努力地去爱自己。他们需要的是超越自我关注，走向"自我安静"。真正的自我接纳，就是能够放下"我是否足够好"的问题，去创造更加美满、丰富的人生。

参考文献

Abuhatoum, S., and N. Howe. 2013. "Power in Sibling Conflict During Early and Middle Childhood." *Social Development* 22 (4): 738–54.

Adler, P. A., and P. Adler. 1995. "Dynamics of Inclusion and Exclusion in Preadolescent Cliques." *Social Psychology Quarterly* 58 (3): 145–62.

Alberts, A., D. Elkind, and S. Ginsberg. 2007. "The Personal Fable and Risk-Taking in Early Adolescence." *Journal of Youth and Adolescence* 36 (1): 71–76.

Algoe, S. B., and J. Haidt. 2009. "Witnessing Excellence in Action: The 'Other-Praising' Emotions of Elevation, Gratitude, and Admiration." *The Journal of Positive Psychology* 4 (2): 105–27.

American Psychological Association Zero Tolerance Task Force. 2008. "Are Zero Tolerance Policies Effective in the Schools?: An Evidentiary Review and Recommendations." *The American Psychologist* 63 (9): 852–62.

Arnett, J. J., K. H. Trzesniewski, and M. B. Donnellan. 2013. "The Dangers of Generational Myth-Making: Rejoinder to Twenge." *Emerging Adulthood* 1 (1): 17–20.

Bagwell, C. L., J. D. Coie, R. A. Terry, and J. E. Lochman. 2000. "Peer Clique Participation and Social Status in Preadolescence." *Merrill–Palmer Quarterly* 46 (2): 280–305.

Bai, S., R. L. Repetti, and J. B. Sperling. 2016. "Children's Expressions of Positive Emotion Are Sustained by Smiling, Touching, and Playing with Parents and Siblings: A Naturalistic Observational Study of Family Life." *Developmental Psychology* 52 (1): 88–101.

Bandura, A. 1962. "Social Learning Through Imitation." In *Nebraska Symposium on Motivation*, edited by M. R. Jones, Lincoln, NE: University of Nebraska Press.

———. 2008. "An Agentic Perspective on Positive Psychology." In *Discovering Human Strengths*. Positive Psychology: Exploring the Best in People, vol. 1, edited by S. J. Lopez. Westport, CT: Praeger Publishers/Greenwood Publishing Group.

Bank, S. P., and M. D. Kahn. 2003. *The Sibling Bond*, anniversary ed. New York: Basic Books.

Baron, A. S., and M. R. Banaji. 2006. "The Development of Implicit Attitudes: Evidence of Race Evaluations from Ages 6 and 10 and Adulthood." *Psychological Science*, 17 (1): 53–58.

Bauer, J. J. 2008. "How the Ego Quiets As It Grows: Ego Development,

Growth Stories, and Eudaimonic Personality Development." In *Transcending Self-Interest: Psychological Explorations of the Quiet Ego*, edited by H. A. Wayment and J. J. Bauer. Washington, DC: American Psychological Association.

Baumeister, R. F., J. D. Campbell, J. I. Krueger, and K. D. Vohs. 2003. "Does High Self-Esteem Cause Better Performance, Interpersonal Success, Happiness, or Healthier Lifestyles?" *Psychological Science in the Public Interest* 4 (1): 1–44.

Bell, J. H., and R. D. Bromnick. 2003. "The Social Reality of the Imaginary Audience: A Grounded Theory Approach." *Adolescence* 38 (150): 205–19.

Berger, C., and P. C. Rodkin. 2012. "Group Influences on Individual Aggression and Prosociality: Early Adolescents Who Change Peer Affiliations." *Social Development* 21 (2): 396–413.

Bigler, R. S., C. S. Brown, and M. Markell. 2001. "When Groups Are Not Created Equal: Effects of Group Status on the Formation of Intergroup Attitudes in Children." *Child Development* 72 (4): 1151–62.

Blatt, S. J. 1974. "Levels of Object Representation in Anaclitic and Introjective Depression." *Psychoanalytic Study of the Child*, 29: 107–57.

———. 2004. *Experiences of Depression: Theoretical Clinical, and Research Perspectives*. Washington, DC: American Psychological Association.

Bleske-Rechek, A., and J. Kelley. 2014. "Birth Order and Personality: A Within-Family Test Using Independent Self-Reports from Both Firstborn and Laterborn Siblings." *Personality and Individual Differences*, 56: 15–18.

Bogart, L. M., M. N. Elliott, D. J. Klein, S. R. Tortolero, S. Mrug, M. F. Peskin, S. L. Davies, E. T. Schink, and M. A. Schuster. 2014. "Peer Victimization in Fifth Grade and Health in Tenth Grade." *Pediatrics* 133 (3): 440–47.

Boivin, M., A. Petitclerc, B. Feng, and E. D. Barker. 2010. "The Developmental Trajectories of Peer Victimization in Middle to Late Childhood and the Changing Nature of Their Behavioral Correlates." *Merrill-Palmer Quarterly*, 56 (3): 231–60.

Brown, B. 2015. *Daring Greatly: How the Courage to Be Vulnerable Transforms the Way We Live, Love, Parent, and Lead*. Rep. ed. New York: Penguin.

Brown, B. B., and E. L. Dietz. 2009. "Informal Peer Groups in Middle Childhood and Adolescence." In *Handbook of Peer Interactions, Relationships, and Groups*, edited by K. H. Rubin, W. M. Bukowski, and B. Laursen. New York: Guilford Press.

Brown, K. W., and M. R. Leary. 2017. *The Oxford Handbook of Hypo-Egoic Phenomena*. New York: Oxford University Press.

Brummelman, E., J. Crocker, and B. J. Bushman. 2016. "The Praise Paradox: When and Why Praise Backfires in Children with Low Self-Esteem." *Child Development Perspectives* 10 (2): 111–15.

Brummelman, E., S. Thomaes, B. Orobio de Castro, G. Overbeek, and B. J. Bushman. 2014a. "That's Not Just Beautiful—That's Incredibly Beautiful!: The Adverse Impact of Inflated Praise on Children with

Low Self-Esteem." *Psychological Science* 25 (3): 728–35.

Brummelman, E., S. Thomaes, G. Overbeek, B. Orobio de Castro, M. A. van den Hout, and B. J. Bushman. 2014b. "On Feeding Those Hungry for Praise: Person Praise Backfires in Children with Low Self-Esteem." *Journal of Experimental Psychology: General* 143 (1): 9–14.

Buhrmester, D. 1992. "The Developmental Courses of Sibling and Peer Relationships." In *Children's Sibling Relationships: Developmental and Clinical Issues*, edited by F. Boer and J. Dunn. Hillsdale, NJ: Erlbaum.

Bukowksi, W. J., C. Motzoi, and F. Meyer. 2009. "Friendship As Process, Function, and Outcome." In *Handbook of Peer Interactions, Relationships, and Groups*, edited by K. H. Rubin, W. M. Bukowski, and B. Laursen. New York: Guilford Press.

Callahan, D. 2013. "Obesity: Chasing an Elusive Epidemic." *The Hastings Center Report* 43 (1): 34–40.

Campos, B., A. P. Graesch, R. Repetti, T. Bradbury, and E. Ochs. 2009. "Opportunity for Interaction? A Naturalistic Observation Study of Dual-Earner Families After Work and School." *Journal of Family Psychology* 23 (6): 798–807.

Chang, R. 2017. "Hard Choices." *Journal of the American Philosophical Association* 3 (1): 1–21.

Cillessen, A. H. N., and L. Mayeux. 2004a. "From Censure to Reinforcement: Developmental Changes in the Association Between Aggression and Social Status." *Child development* 75 (1): 147–63.

———. 2004b. "Sociometric Status and Peer Group Behavior: Previous Findings and Current Directions." In *Children's Peer Relations: From Development to Intervention*, edited by J. B. Kupersmidt and K. A. Dodge. Washington, DC: American Psychological Association.

Common Sense Media. 2015. "Children, Teens, Media, and Body Image: A Common Sense Media Research Brief." January 21. https://www.commonsensemedia.org/research/children-teens-media-and-body-image.

Cooley, C. H. (1902) 1983. *Human Nature and the Social Order*. New York: Charles Scribner's Sons. Reprint, New Brunswick, NJ: Transaction. Citation refers to the reprint edition.

Credé, M., M. C. Tynan, and P. D. Harms. 2017. "Much Ado About Grit: A Meta-Analytic Synthesis of the Grit Literature." *Journal of Personality and Social Psychology* 113 (3): 492–511.

Crocker, J., S. Moeller, and A. Burson. 2010. "The Costly Pursuit of Self-Esteem: Implications for Self-Regulation." In *Handbook of Personality and Self-Regulation*, edited by R. H. Hoyle. Chichester, UK: Wiley.

Crocker, J., and L. E. Park. 2004. The Costly Pursuit of Self-Esteem. *Psychological Bulletin* 130 (3): 392–414.

Crockett, L., M. Losoff, and A. C. Petersen. 1984. "Perceptions of the Peer Group and Friendship in Early Adolescence." *The Journal of Early Adolescence* 4 (2): 155–81.

Csikszentmihalyi, M. 2008. *Flow: The Psychology of Optimal Experience*. New York: Harper Perennial Modern Classics.

Cvencek, D., A. G. Greenwald, and A. N. Meltzoff. 2016. "Implicit Measures for Preschool Children Confirm Self-Esteem's Role in Maintaining a Balanced Identity." *Journal of Experimental Social Psychology* 62: 50–57.

Damian, R. I., and B. W. Roberts. 2015. "Settling the Debate on Birth Order and Personality." *Proceedings of the National Academy of Sciences of the United States of America* 112 (46): 14119–20.

Damian, L. E., J. Stoeber, O. Negru-Subtirica, and A. Baban. 2017. "On the Development of Perfectionism: The Longitudinal Role of Academic Achievement and Academic Efficacy." *Journal of Personality* 85 (4): 565–77.

Damon, W. 1995. *Greater Expectations: Overcoming the Culture of Indulgence in America's Homes and Schools.* Old Tappan, NJ: The Free Press.

Davies, D. 2011. *Child Development: A Practitioner's Guide,* 3rd ed. New York: Guilford Press.

Davis, E. L., L. J. Levine, H. C. Lench, and J. A. Quas. 2010. "Metacognitive Emotion Regulation: Children's Awareness That Changing Thoughts and Goals Can Alleviate Negative Emotions." *Emotion* 10: 498–510.

Dodge, K. A., D. G. Schlundt, I. Schocken, and J. D. Delugach. 1983. "Social Competence and Children's Sociometric Status: The Role of Peer Group Entry Strategies." *Merrill-Palmer Quarterly* 29 (3): 309–36.

Duckworth, A. 2016. *Grit: The Power of Passion and Perseverance.* New York: Scribner.

Duckworth, A. L., C. Peterson, M. D. Matthews, and D. R. Kelly. 2007. "Grit: Perseverance and Passion for Long-Term Goals." *Journal of Personality and Social Psychology* 92 (6): 1087–101.

Dunlosky, J., K. A. Rawson, E. J. Marsh, M. J. Nathan, and D. T. Willingham. 2013. "Improving Students' Learning with Effective Learning Techniques: Promising Directions from Cognitive and Educational Psychology." *Psychological Science in the Public Interest* 14 (1): 4–58.

Dunn, J., and C. Kendrick. 1982. *Siblings: Love, Envy, and Understanding.* Cambridge, MA: Harvard University Press.

Dunn, J., and P. Munn, P. 1985. "Becoming a Family Member: Family Conflict and the Development of Social Understanding in the Second Year." *Child Development* 56 (2): 480–92.

Dweck, C. S. 2006. *Mindset: The New Psychology of Success.* New York: Random House.

Eisenberg, N., R. A. Fabes, P. A. Miller, J. Fultz, R. Shell, R. M. Mathy, and R. R. Reno. 1989. "Relation of Sympathy and Personal Distress to Prosocial Behavior: A Multimethod Study." *Journal of Personality and Social Psychology* 57 (1): 55–66.

Elkind, D. 1967. "Egocentrism in Adolescence." *Child Development* 38 (4): 1025–34.

Ellis, W. E., and L. Zarbatany. 2017. "Understanding Processes of Peer Clique Influence in Late Childhood and Early Adolescence." *Child Development Perspectives* 11 (4): 227–32.

Eskreis-Winkler L., A. L. Duckworth, E. Shulman, and S. Beale S. 2014.

"The Grit Effect: Predicting Retention in the Military, the Workplace, School and Marriage." *Frontiers in Psychology* 5: 36.

Eyberg, S. M. 1988. "Parent-Child Interaction Therapy: Integration of Traditional and Behavioral Concerns." *Child and Family Behavior Therapy* 10 (1): 33–46.

Falconer, C. W., K. G. Wilson, and J. Falconer. 1990. "A Psychometric Investigation of Gender-Tilted Families: Implications for Family Therapy." *Family Relations* 39 (1): 8–13.

Field, T. 2010. "Touch for Socioemotional and Physical Well-Being: A Review." *Developmental Review* 30 (4): 367–83.

Flook, L., S. B. Goldberg, L. Pinger, and R. J. Davidson. 2015. "Promoting Prosocial Behavior and Self-Regulatory Skills in Preschool Children Through a Mindfulness-Based Kindness Curriculum." *Developmental Psychology* 51 (1): 44–51.

Frankenberger, K. 2000. "Adolescent Egocentrism: A Comparison Among Adolescents and Adults." *Journal of Adolescence* 23 (3): 343–54.

Furukawa, E., J. Tangney, and F. Higashibara. 2012. "Cross-Cultural Continuities and Discontinuities in Shame, Guilt, and Pride: A Study of Children Residing in Japan, Korea, and the USA." *Self and Identity* 11 (1): 90–113.

Galanaki, E. P. 2012. "The Imaginary Audience and the Personal Fable: A Test of Elkind's Theory of Adolescent Egocentrism." *Psychology* 3 (6): 457–66.

Gazelle, H. 2010. "Anxious Solitude/Withdrawal And Anxiety Disorders: Conceptualization, Co-Occurrence, and Peer Processes Leading Toward and Away from Disorder in Childhood." In *Social Anxiety in Childhood: Bridging Developmental and Clinical Perspectives*, edited by H. Gazelle and K. H. Rubin, *New Directions for Child and Adolescent Development* 127: 67–78. San Francisco: Jossey-Bass.

Gazelle, H., and K. D. Rudolph. 2004. "Moving Toward and Away from the World: Social Approach and Avoidance Trajectories in Anxious Solitary Youth." *Child Development* 75 (3): 829–49.

Germer, C. K., and K. D. Neff. 2013. "Self-Compassion in Clinical Practice." *Journal of Clinical Psychology* 69 (8): 856–67.

Gest, S. D., S.A. Graham-Bermann, and W. W. Hartup. 2001. "Peer experience: Common and Unique Features of Number of Friendships, Social Network Centrality, and Sociometric Status." *Social Development* 10 (1): 23–40.

Gifford-Smith, M. E., and C. A. Brownell. 2003. "Childhood Peer Relationships: Social Acceptance, Friendships, and Peer Networks." *Journal of School Psychology* 41 (4): 235–84.

Gilbert, D. 2006. *Stumbling on Happiness*. New York: Knopf.

Gilbert, P., and S. Procter. 2006. "Compassionate Mind Training for People with High Shame and Self-Criticism: Overview and Pilot Study of a Group Therapy Approach." *Clinical Psychology and Psychotherapy* 13: 353–79.

Goetz, J. L., D. Keltner, and E. Simon-Thomas. 2010. "Compassion: An Evolutionary Analysis and Empirical Review." *Psychological Bulletin*

136 (3): 351–74.

Graham, S., and J. Juvonen. 2001. "An Attributional Approach to Peer Victimization." In *Peer Harassment in School: The Plight of the Vulnerable and Victimized*, edited by J. Juvonen and S. Graham. New York: Guilford Press.

Greene, R. 2016. *Raising Human Beings: Creating a Collaborative Partnership with Your Child*. New York: Scribner.

Haidt, J. 2000. "The Positive Emotion of Elevation." *Prevention and Treatment* 3 (1): article 3c.

Haimovitz, K., and C. S. Dweck. 2017. "The Origins of Children's Growth and Fixed Mindsets: New Research and a New Proposal." *Child Development* 88 (6): 1849–59.

Hart, D., R. Atkins, and N. Tursi. 2006. "Origins and Developmental Influences on Self-Esteem." In *Self-Esteem Issues and Answers*, edited by M. H. Kernis. London: Psychology Press.

Harter, S. 1990. "Developmental Differences in the Nature of Self-Representations: Implications for the Understanding, Assessment, and Treatment of Maladaptive Behavior." *Cognitive Therapy and Research* 14 (2): 113–42.

———. 2000. "Is Self-Esteem Only Skin-Deep? The Inextricable Link Between Physical Appearance and Self-Esteem." *Reclaiming Children and Youth* 9 (3): 133–38.

———. 2006. "The Self." In *Social, Emotional, and Personality Development*. Handbook of Child Psychology, vol. 3., edited by N. Eisenberg, W. Damon and R. Lerner. 6th ed. New York: John Wiley and Sons.

———. 2012. "Emerging Self Processes During Childhood and Adolescence." In *Handbook of Self and Identity*, edited by M. Leary and J. Tangney. 2nd ed. New York: Guilford Press.

———. 2015. *The Construction of the Self: Developmental and Sociocultural Foundations*, 2nd ed. New York: Guilford Press.

———. 2017. "Developmental and Prosocial Dimensions of Hypo-egoic Phenomena." In *The Oxford Handbook of Hypo-egoic Phenomena*, edited by K. W. Brown and M. R. Leary. New York: Oxford University Press.

Hembree-Kigin, T. L., and C. B. McNeil. 1995. *Parent-Child Interaction Therapy*. New York: Plenum Press.

Henderlong, J., and M. R. Lepper. 2002. "The Effects of Praise on Children's Intrinsic Motivation: A Review and Synthesis." *Psychological Bulletin* 128 (5): 774–95.

Herschell, A. D., E. J. Calzada, S. M. Eyberg, and C. B. McNeil. 2002. "Clinical Issues in Parent-Child Interaction Therapy." *Cognitive and Behavioral Practice* 9 (1): 16–27.

Hetherington, E. M. 1988. "Parents, Children and Siblings: Six Years After Divorce." In *Relationships Within Families: Mutual Influences*, edited by R. A. Hinde and J. Stevenson-Hinde. Oxford: Oxford University Press.

Hoover, J. H., R. Oliver, and R. J. Hazler. 1992. "Bullying: Perceptions of

Adolescent Victims in the Midwestern USA." *School Psychology International* 13 (1): 5–16.

Howe, N., C. Rinaldi, M. Jennings, and H. Petrakos. 2002. "No! The Lambs Can Stay Out Because They Got Cosies: Constructive and Destructive Sibling Conflict, Pretend Play, and Social Understanding." *Child Development* 73 (5): 1460–73.

Howe, N., H. S. Ross, and H. Recchia. 2011. "Sibling Relations in Early and Middle Childhood." In *The Wiley-Blackwell Handbook of Childhood Social Development*, edited by P. K. Smith and C. Hart. Malden, MA: Blackwell Publishing.

Hughes, D., J. Rodriguez, E. P. Smith, D. J. Johnson, H. C. Stevenson, and P. Spicer. 2006. "Parents' Ethnic-Racial Socialization Practices: A Review of Research and Directions for Future Study." *Developmental Psychology* 42 (4): 747–70.

Iyengar, S. S., and M. R. Lepper. 2000. "When Choice Is Demotivating: Can One Desire Too Much of a Good Thing?" *Journal of Personality and Social Psychology* 79 (6): 995–1006.

Juvonen, J., and S. Graham. 2014. "Bullying in Schools: The Power of Bullies and the Plight of Victims." *Annual Review of Psychology* 65 (1): 159–85.

Kabat-Zinn, J. 1994. *Wherever You Go, There You Are: Mindfulness Meditation in Everyday Life*. New York: Hachette Books.

Kasser, T. 2002. *The High Price of Materialism*. Cambridge, MA: MIT Press.

———. 2005. "Frugality, Generosity, and Materialism in Children and Adolescents." In *What Do Children Need to Flourish?*, edited by K. A. Moore, and L. H. Lippman. New York: Springer.

Kevorkian, M. M., A. Rodriguez, M. P. Earnhardt, T. D. Kennedy, R. D'Antona, A. G. Russom, and J. Borror. 2016. "Bullying in Elementary Schools." *Journal of Child and Adolescent Trauma* 9 (4): 267–76.

Killen, M., K. L. Mulvey, and A. Hitti. 2013. "Social Exclusion in Childhood: A Developmental Intergroup Perspective." *Child Development* 84 (2): 772–90.

Kim, J., S. McHale, D. Osgood, and A. Crouter. 2006. "Longitudinal Course and Family Correlates of Sibling Relationships from Childhood Through Adolescence." *Child Development* 77 (6): 1746–61.

Kochel, K. P., C. F. Miller, K. A. Updegraff, G. W. Ladd, and B. Kochenderfer-Ladd. 2012. "Associations Between Fifth Graders' Gender Atypical Problem Behavior and Peer Relationships: A Short-Term Longitudinal Study." *Journal of Youth and Adolescence* 41 (8): 1022–34.

Kochenderfer-Ladd, B., and K. Skinner. 2002. "Children's Coping Strategies: Moderators of the Effects of Peer Victimization?" *Developmental Psychology* 38 (2): 267–78.

Kopala-Sibley, D. C., D. C. Zuroff, B. L. Hankin, and J. R. Abela. 2015. "The Development of Self-Criticism and Dependency in Early Adolescence and Their Role in the Development of Depressive and Anxiety Symptoms." *Personality and Social Psychology Bulletin* 41 (8): 1094–109.

Kopala-Sibley, D. C., D. C. Zuroff, M. J. Leybman, and N. Hope. 2013. "Recalled Peer Relationship Experiences and Current Levels of Self-Criticism and Self-Reassurance." *Psychology and Psychotherapy: Theory, Research, and Practice* 86: 33–51.

Kowal, A. K., J. L. Krull, and L. Kramer. 2006. "Shared Understanding of Parental Differential Treatment in Families." *Social Development* 15 (2): 276–95.

Kramer, L. 2010. "The Essential Ingredients of Successful Sibling Relationships: An Emerging Framework for Advancing Theory and Practice." *Child Development Perspectives* 4 (2): 80–86.

Kramer, L., L. A. Perozynski, and T. Y. Chung. 1999. "Parental Responses to Sibling Conflict: The Effects of Development and Parent Gender." *Child Development* 70 (6): 1401–14.

Kross, E., and O. Ayduk. 2017. "Self-Distancing: Theory, Research, and Current Directions." *Advances in Experimental Social Psychology* 55: 81–136.

Kross, E., M. G. Berman, W. Mischel, E. E. Smith, and T. D. Wager. 2011a. "Social Rejection Shares Somatosensory Representations with Physical Pain." *Proceedings of the National Academy of Sciences* 108 (15): 6270–75.

Kross, E., A. Duckworth, O. Ayduk, E. Tsukayama, and W. Mischel. 2011b. "The Effect of Self-Distancing on Adaptive Versus Maladaptive Self-Reflection in Children." *Emotion* 11 (5): 1032–39.

Kuster, F., U. Orth, and L. L. Meier. 2012. "Rumination Mediates the Prospective Effect of Low Self-Esteem on Depression: A Five-Wave Longitudinal Study." *Personality and Social Psychology Bulletin* 38 (6): 747–59.

Kwon, K., A. M. Lease, and L. Hoffman. 2012. "The Impact of Clique Membership on Children's Social Behavior and Status Nominations." *Social Development* 21 (1): 150–169.

Ladd, G. W., I. Ettekal, and B. Kochenderfer-Ladd. 2017. "Peer Victimization Trajectories from Kindergarten Through High School: Differential Pathways for Children's School Engagement and Achievement?" *Journal of Educational Psychology* 109 (6): 826–41.

Lapsley, D. K., and M. Murphy. 1985. "Another Look at the Theoretical Assumptions of Adolescent Egocentrism." *Developmental Review* 5 (3): 201–17.

Leary, M. R. 2007. *The Curse of the Self: Self-Awareness, Egotism, and the Quality of Human Life*. New York: Oxford University Press.

Leary, M. R., and R. F. Baumeister. 2000. "The Nature and Function of Self-Esteem: Sociometer Theory." *Advances in Experimental Social Psychology* 32: 1–62.

Leary, M. R., K. W. Brown, and K. J. Diebels. 2017. "Dispositional Hypo-egoicism: Insights into the Hypo-Egoic Person." In *The Oxford Handbook of Hypo-egoic Phenomena*, edited by K. W. Brown and M. R. Leary. New York: Oxford University Press.

Leary, M. R., and K. J. Diebels. 2013. "Hypo-Egoic States: What They Are, Why They Matter, and How They Occur." In *Theory Driving Research:*

New Wave Perspectives on Self-Processes and Human Development, edited by M. McInerney, H. W. Marsh, R. G. Craven, and F. Guay. Charlotte, NC: Information Age.

Leary, M. R., and J. Guadagno. 2011. "The Role of Hypo-Egoic Self-Processes in Optimal Functioning and Subjective Well-Being." In Designing Positive Psychology: Taking Stock and Moving Forward, edited by K. M. Sheldon, T. B. Kashdan, and M. F. Steger. New York: Oxford University Press.

Lepper, M. R., and J. Henderlong. 2000. "Turning 'Play' into 'Work' and 'Work' into 'Play': 25 Years of Research on Intrinsic Versus Extrinsic Motivation." In Intrinsic and Extrinsic Motivation: The Search for Optimal Motivation and Performance, edited by C. Sansone and J. M. Harackiewicz. San Diego, CA: Academic Press.

Li, Y., and T. C. Bates. 2017. "Does Growth Mindset Improve Children's IQ, Educational Attainment or Response to Setbacks? Active-Control Interventions and Data on Children's Own Mindsets." Open Science Framework, July 7. https://osf.io/u5v8f/.

Linnenbrink, E. A., A. M. Ryan, and P. R. Pintrich. 1999. "The Role of Goals and Affect in Working Memory Functioning." Learning and Individual Differences 11 (2): 213–30.

Livingstone, S., L. Haddon, A. Görzig, and K. Ólafsson. 2011. "Risks and Safety on the Internet: The Perspective of European Children: Full Findings and Policy Implications from the EU Kids Online Survey of 9–16 Year Olds and Their Parents in 25 Countries." EU Kids Online, Deliverable D4. http://eprints.lse.ac.uk/id/eprint/33731.

Lumeng, J. C., P. Forrest, D. P. Appugliese, N. Kaciroti, R. F. Corwyn, and R. H. Bradley. 2010. "Weight Status As a Predictor of Being Bullied in Third Through Sixth Grades." Pediatrics 125 (6): e1301–7.

Marks, A. K., K. Ejesi, M. B. McCullough, and C. G. Coll. 2015. "Developmental Implications of Discrimination." In Socioemotional Processes. Handbook of Child Psychology and Developmental Science, vol. 3., edited by M. E. Lamb and R. M. Lerner. 7th ed. New York: John Wiley and Sons.

McDonald, K. L., M. Putallaz, C. L. Grimes, J. B. Kupersmidt, and J. D. Coie. 2007. "Girl Talk: Gossip, Friendship, and Sociometric Status." Merrill-Palmer Quarterly 53 (3): 381–411.

McGuire, S., B. Manke, A. Eftekhari, and J. Dunn. 2000. "Children's Perceptions of Sibling Conflict During Middle Childhood: Issues and Sibling (Dis)similarity." Social Development 9 (2): 173–90.

McGuire, S., S. M. McHale, and K. Updegraff. 1996. "Children's Perceptions of the Sibling Relationship in Middle Childhood: Connections Within and Between Family Relationships." Personal Relationships 3 (3): 229–39.

McHale, S. M., A. C. Crouter, S. McGuire, and K. A. Updegraff. 1995. "Congruence Between Mothers' and Fathers' Differential Treatment of Siblings: Links with Family Relations and Children's Well-Being." Child Development 66 (1): 116–28.

McLachlan, J., M. J. Zimmer-Gembeck, and L. McGregor. 2010. "Rejection Sensitivity in Childhood and Early Adolescence: Peer Rejection and Protective Effects of Parents and Friends." *Journal of Relationships Research* 1 (1): 31–40.

McLean, K. C., M. Pasupathi, and J. L. Pals. 2007. "Selves Creating Stories Creating Selves: A Process Model of Self-Development." *Personality and Social Psychology Review* 11 (3): 262–78.

Menesini, E., and C. Salmivalli. 2017. "Bullying in Schools: The State of Knowledge and Effective Interventions." *Psychology, Health and Medicine* 22 (S1): 240–53.

Meunier, J. C., I. Roskam, M. Marie Stievenart, G. Van De Moortele, D. T. Browne, and M. Wade. 2012. "Parental Differential Treatment, Child's Externalizing Behavior and Sibling Relationships: Bridging Links with Child's Perception of Favoritism and Personality, and Parents' Self-Efficacy." *Journal of Social and Personal Relationships* 29 (5): 612–38.

Meyer, W. U. 1992. "Paradoxical Effects of Praise and Criticism on Perceived Ability." *European Review of Social Psychology*, 3 (1): 259–83.

Milevsky, A. 2016. *Sibling Issues in Therapy: Research and Practice with Children, Adolescents and Adults.* New York: Palgrave Macmillan.

Mills, R. S. L. 2005. "Taking Stock of the Developmental Literature on Shame." *Developmental Review* 25 (1): 26–63.

Minuchin, S. 1974. *Families and Family Therapy.* Cambridge, MA: Harvard University Press.

Mueller, C. M. and C. S. Dweck. 1998. "Praise for Intelligence Can Undermine Children's Motivation and Performance." *Journal of Personality and Social Psychology* 75 (1): 33–52.

Neff, K. 2003. "Self-Compassion: An Alternative Conceptualization of a Healthy Attitude Toward Oneself." *Self and Identity* 2 (2): 85–101.

———. 2011. *Self-Compassion: The Proven Power of Being Kind to Yourself.* New York: HarperCollins.

Nesdale, D. 2011. "Social Groups and Children's Intergroup Prejudice: Just How Influential Are Social Group Norms?" *Anales de Psicologia*, 27 (3): 600–610.

Newman, R. S., and B. J. Murray. 2005. How Students and Teachers View the Seriousness of Peer Harassment: When Is It Appropriate to Seek Help? *Journal of Educational Psychology* 97 (3): 347–65.

Nolen-Hoeksema, S. 2001. "Gender Differences in Depression." *Current Directions in Psychological Science* 10 (5): 173–76.

Nolen-Hoeksema, S., B. E. Wisco, and S. Lyubomirsky. 2008. "Rethinking Rumination." *Perspectives on Psychological Science* 3 (5): 400–424.

Nylund, K., A. Bellmore, A. Nishina, and S. Graham. 2007. "Subtypes, Severity, and Structural Stability of Peer Victimization: What Does Latent Class Analysis Say?" *Child Development* 78 (6): 1706–22.

Olweus, D. 2012. "Cyberbullying: An Overrated Phenomenon?" *European Journal of Developmental Psychology* 9 (5): 520–38.

O'Mara, A. J., H. W. Marsh, R. G. Craven, and R. L. Debus. 2006: "Do Self-Concept Interventions Make a Difference? A Synergistic Blend of Construct Validation and Meta-Analysis." *Educational Psychologist*

41 (3): 181–206.

Orosz, G., S. Péter-Szarka, B. Böthe, I. Tóth-Király, and R. Berger. 2017. "How Not to Do a Mindset Intervention: Learning from a Mindset Intervention Among Students with Good Grades." *Frontiers in Psychology* 8 (311): 1–11.

Orth, U., and R. W. Robins. 2013. "Understanding the Link Between Low Self-Esteem and Depression." *Current Directions in Psychological Science* 22 (6): 455–60.

Orth, U., R. W. Robins, K. F. Widaman, and R. D. Conger. 2014. "Is Low Self-Esteem a Risk Factor for Depression? Findings from a Longitudinal Study of Mexican-Origin Youth." *Developmental Psychology* 50 (2): 622–33.

Paluck, E. L., and D. P. Green. 2009. "Prejudice Reduction: What Works? A Review and Assessment of Research and Practice." *Annual Review of Psychology* 60: 339–67.

Park, N. 2009. "Building Strengths of Character: Keys to Positive Youth Development." *Reclaiming Children and Youth* 18 (2): 42–47.

Park, N., and C. Peterson. 2006. "Character Strengths and Happiness Among Young Children: Content Analysis of Parental Descriptions." *Journal of Happiness Studies* 7 (3): 323–41.

———. 2008. "Positive Psychology and Character Strengths: Its Application for Strength-Based School Counseling." *Journal of Professional School Counseling* 12: 85–92.

Parkhurst, J. T., and A. Hopmeyer. 1998. "Sociometric popularity and peer-perceived popularity: Two distinct dimensions of peer status." *The Journal of Early Adolescence* 18 (2): 125–44.

Pepler, D. J., W. M. Craig, and W. L. Roberts. 1998. "Observations of Aggressive and Nonaggressive Children on the School Playground." *Merrill-Palmer Quarterly* 44 (1): 55–76.

Piff, P., P. Dietze, M. Feinberg, D. Stancato, and D. Keltner. 2015. "Awe, the Small Self, and Prosocial Behavior." *Journal of Personality and Social Psychology* 108 (6): 883–99.

Pillow, B. H. 2012. *Children's Discovery of the Active Mind*. New York: Springer.

Pomerantz, E. M., and M. M. Eaton. 2000. "Developmental Differences in Children's Conceptions of Parental Control: 'They Love Me, But They Make Me Feel Incompetent.'" *Merrill-Palmer Quarterly* 46 (1): 140–67.

Pomerantz, E. M., and S. G. Kempner. 2013. "Mothers' Daily Person and Process Praise: Implications for Children's Theory of Intelligence and Motivation." *Developmental Psychology* 49 (11): 2040–46.

Pont, S. J., R. Puhl, S. R. Cook, and W. Slusser. 2017. "Stigma Experienced by Children and Adolescents with Obesity." *Pediatrics* 140 (6): e2017303

Putallaz, M., and A. Wasserman. 1989. "Children's Naturalistic Entry Behavior and Sociometric Status: A Developmental Perspective." *Developmental Psychology* 25 (2): 297–305.

Recchia, H., C. Wainryb, and M. Pasupathi. 2013. "'Two for Flinching': Children's and Adolescents' Narrative Accounts of Harming Their Friends and Siblings." *Child Development* 84 (4): 1459–74.

Richmond, M. K., C. M. Stocker, and S. L. Rienks. 2005. "Longitudinal Associations Between Sibling Relationship Quality, Parental Differential Treatment, and Children's Adjustment." *Journal of Family Psychology* 19 (4): 550–59.

Roberts, B. W., G. Edmonds, and E. Grijalva. 2010. "It Is Developmental Me, Not Generation Me: Developmental Changes Are More Important Than Generational Changes in Narcissism—Commentary on Trzesniewski and Donnellan (2010)." *Perspectives on Psychological Science* 5 (1): 97–102.

Robins, R. W., K. H. Trzesniewski, J. L. Tracy, S. D. Gosling, and J. Potter. 2002. "Global Self-Esteem Across the Life Span." *Psychology and Aging* 17 (3): 423–34.

Rochat, P. 2003. "Five Levels of Self-Awareness As They Unfold Early in Life." *Consciousness and Cognition* 12 (4): 717–31.

Rohrer, J. M., B. Egloff, and S. C. Schmukle. 2015. "Examining the Effects of Birth Order on Personality." *Proceedings of the National Academy of Sciences of the United States of America* 112 (46): 14224–29.

Ross, H., M. Ross, N. Stein, and T. Trabasso. 2006. "How Siblings Resolve Their Conflicts: The Importance of First Offers, Planning, and Limited Opposition." *Child Development* 77 (6): 1730–45.

Rubin, K. H., R. J. Coplan, and J. C. Bowker. 2009. "Social Withdrawal in Childhood." *Annual Review of Psychology* 60: 141–71.

Rubin, K. H., R. J. Coplan, X. Chen, J. C. Bowker, K. L. McDonald, and S. Heverly-Fitt. 2015. "Peer Relationships in Childhood." *Developmental Science: An Advanced Textbook*, edited by M. H. Bornstein and M. E. Lamb. 7th ed. New York: Psychology Press.

Rubin, K. H., and L. R. Krasnor. 1986. "Social-Cognitive and Social Behavioral Perspectives on Problem Solving." In *Cognitive Perspectives on Children's Social and Behavioral Development*. The Minnesota Symposia on Child Psychology, vol. 18, edited by M. Perlmutter. Mahwah, NJ: Erlbaum.

Rutland, A., M. Killen, and D. Abrams. 2010. "A New Social-Cognitive Developmental Perspective on Prejudice: The Interplay Between Morality and Group Identity." *Perspectives on Psychological Science* 5 (3): 279–91.

Ryan, R. M., and K. W. Brown. 2003. "Why We Don't Need Self-Esteem: Basic Needs, Mindfulness, and the Authentic Self." *Psychological Inquiry* 14: 71–76.

Ryan, R. M., and E. L. Deci. 2000. "Self-Determination Theory and the Facilitation of Intrinsic Motivation, Social Development and Well-Being." *American Psychologist* 55 (1): 68–78.

Schachter, F. F., G. Gilutz, E. Shore, and M. Adler. 1978. "Sibling Deidentification Judged by Mothers: Cross-Validation and Developmental Studies." *Child Development* 49 (2): 543–46.

Schachter, F. F., E. Shore, S. Feldman-Rotman, R. E. Marquis, and

S. Campbell. 1976. "Sibling Deidentification." *Developmental Psychology* 12 (5): 418–27.

Schachter, F. F., and R. K. Stone. 1987. "Comparing and Contrasting Siblings: Defining the Self." *Journal of Children in Contemporary Society* 19 (3–4): 55–75.

Scheibehenne, B., R. Greifeneder, and P. M. Todd. 2009. "What Moderates the Too-Much-Choice Effect?" *Psychology and Marketing* 26 (3): 229–53.

Schnall, S., J. Roper, and D. M. T. Fessler. 2010. "Elevation Leads to Altruistic Behavior." *Psychological Science* 21 (3): 315–20.

Scholte, R. H. J., R. C. M. E. Engels, G. Overbeek, R. A. T. de Kemp, and G. J. T. Haselager. 2007. "Stability in Bullying and Victimization and Its Association with Social Adjustment in Childhood and Adolescence." *Journal of Abnormal Child Psychology* 35 (2): 217–28.

Schonert-Reichl, K.A., E. Oberle, M. S. Lawlor, D. Abbott, K. Thomson, T. F. Oberlander, and A. Diamond. 2015. "Enhancing Cognitive and Social–Emotional Development Through a Simple-to-Administer Mindfulness-Based School Program for Elementary School Children: A Randomized Controlled Trial." *Developmental Psychology* 51 (1): 52–66.

Schwartz, D., and A. Hopmeyer Gorman. 2011. "The High Price of High Status: Popularity As a Mechanism of Risk." In *Popularity in the Peer System*, edited by A. H. N. Cillessen, D. Schwartz, and L. Mayeux. New York: Guilford Press.

Seligman, M. E. P., T. A. Steen, N. Park, and C. Peterson. 2005. "Positive Psychology Progress: Empirical Validation of Interventions." *American Psychologist* 60 (5): 410–21.

Shahar, G. 2013. "An integrative Psychotherapist's Account of His Focus When Treating Self-Critical Patients." *Psychotherapy* 50 (3): 322–25.

Shebloski, B., K. J. Conger, and K. F. Widaman. 2005. "Reciprocal Links Among Differential Parenting, Perceived Partiality, and Self-Worth: A Three-Wave Longitudinal Study." *Journal of Family Psychology* 19 (4): 633–42.

Shelley, D., and W. M. Craig. 2010. "Attributions and Coping Styles in Reducing Victimization." *Canadian Journal of School Psychology* 25 (1): 84–100.

Shiota, M., D. Keltner, and A. Mossman. 2007. "The Nature of Awe: Elicitors, Appraisals, and Effects on Self-Concept." *Cognition and Emotion* 21 (5): 944–63.

Siddiqui, A. A., and H. S. Ross. 1999. "How Do Sibling Conflicts End?" *Early Education and Development* 10 (3): 315–32.

Smith, J., and H. Ross. 2007. "Training Parents to Mediate Sibling Disputes Affects Children's Negotiation and Conflict Understanding." *Child Development* 78 (3): 790–805.

Stellar, J. E., A. Gordon, C. L. Anderson, P. K. Piff, G. D. McNeil, and D. Keltner. 2018. "Awe and humility." *Journal of Personality and Social Psychology* 114 (2): 258–69.

Stocker, C. M. 1994. "Children's Perceptions of Relationships with Siblings, Friends, and Mothers: Compensatory Processes and Links with Adjustment." *Journal of Child Psychology and Psychiatry* 35 (8): 1447–59.

Straus, M. A., R. J. Gelles, and S. K. Steinmetz. 1981. *Behind Closed Doors: Violence in the American Family*. Garden City, NY: Anchor Books.

Su, W., and A. Di Santo. 2012. "Preschool Children's Perceptions of Overweight Peers." *Journal of Early Childhood Research* 10 (1):19–31.

Swann, W. Jr., and D. Conor Seyle. 2006. "The Antecedents of Self-Esteem." In *Self-Esteem Issues and Answers*, edited by M. Kernis. New York: Psychology Press.

Tangney, J. P. 2000. "Humility: Theoretical Perspectives, Empirical Findings and Directions for Future Research." *Journal of Social and Clinical Psychology* 19 (1): 70–82.

Tangney, J. P., and R. Dearing. 2002. *Shame and Guilt*. New York: Guilford Press.

Tangney, J. P., and J. L. Tracy. 2012. Self-Conscious Emotions." In *Handbook of Self and Identity*, edited by M. Leary and J. P. Tangney. 2nd ed. New York: Guilford Press.

Tesser, A. 1980. "Self-Esteem Maintenance in Family Dynamics." *Journal of Personality and Social Psychology* 39 (1): 77–91.

Tevendale, H. D., and D. L. DuBois. 2006. "Self-Esteem Change: Addressing the Possibility of Enduring Improvements in Feelings of Self-Worth." In *Self-Esteem Issues and Answers*, edited by M. Kernis. New York: Psychology Press.

Thompson, J. A., and A. G. Halberstadt. 2008. "Children's Accounts of Sibling Jealousy and Their Implicit Theories About Relationships." *Social Development* 17 (3): 488–511.

Topper, M., P. M. Emmelkamp, E. Watkins, and T. Ehring. 2014. "Development and Assessment of Brief Versions of the Penn State Worry Questionnaire and the Ruminative Response Scale." *British Journal of Clinical Psychology* 53 (4): 402–21.

———. 2017. "Prevention of Anxiety Disorders and Depression by Targeting Excessive Worry and Rumination in Adolescents and Young Adults: A Randomized Controlled Trial." *Behaviour Research and Therapy* 90: 123–36.

Tracy, J. L., J. T. Cheng, R. W. Robins, and K. H Trzesniewski. 2009. "Authentic and Hubristic Pride: The Affective Core of Self-Esteem and Narcissism." *Self and Identity* 8 (2–3): 196–213.

Troop-Gordon, W., and L. Unhjem. 2018. "Is Preventing Peer Victimization Sufficient? The Role of Prosocial Peer Group Treatment in Children's Socioemotional Development." *Social Development*, February 2. https://doi.org/10.1111/sode.12283.

Trzesniewski, K. H., and M. B. Donnellan. 2010. "Rethinking 'Generation Me': A Study of Cohort Effects from 1976–2006." *Perspectives on Psychological Science* 5 (1): 58–75.

Trzesniewski, K. H., M. B. Donnellan, and R. W. Robins. 2003. "Stability of Self-Esteem Across the Life Span." *Journal of Personality and Social Psychology* 84 (1): 205–20.

Tucker, C. J., D. Finkelhor, A. M. Shattuck, and H. Turner. 2013. "Prevalence and Correlates of Sibling Victimization Types." *Child Abuse and Neglect* 37 (4): 213–23.

Twenge, J. M. 2013. "The Evidence for Generation Me and Against Generation We." *Emerging Adulthood* 1 (1): 11–16.

Twenge, J. M., S. Konrath, J. D. Foster, W. Keith Campbell, and B. J. Bushman. 2008. "Egos Inflating over Time: A Cross-Temporal Meta-Analysis of the Narcissistic Personality Inventory." *Journal of Personality* 76 (4): 875–902.

Underwood, M. K., and R. Faris. 2015. "#Being 13: Social Media and the Hidden World of Young Adolescents' Peer Culture." https://assets.documentcloud.org/documents/2448422/being-13-report.pdf.

Urquiza, A. J. and S. Timmer. 2012. "Parent-Child Interaction Therapy: Enhancing Parent-Child-Relationships." *Psychosocial Intervention* 21 (2): 145–56.

Van Cappellen, P., V. Saroglou, C. Iweins, M. Piovesana, and B. L. Fredrickson. 2013. "Self-Transcendent Positive Emotions Increase Spirituality Through Basic World Assumptions." *Cognition and Emotion* 27 (8): 1378–94.

Vaugh, B. E., and A. J. Santos. 2009. "Structural Descriptions of Social Transactions Among Young Children: Affiliation and Dominance in Preschool Groups." In *Handbook of Peer Interactions, Relationships, and Groups*, edited by K. H. Rubin, W. M. Bukowski, and B. Laursen. New York: Guilford Press.

Verbeek, P., W. W. Hartup, and W. A. Collins. 2000. "Conflict Management in Children and Adolescents." In *Natural Conflict Resolution*, edited by F. Aureli and F. B. M. de Waal. Berkeley, CA: University of California Press.

Visconti, K. J., and W. Troop-Gordon. 2010. "Prospective Relations Between Children's Responses to Peer Victimization and Their Socio-emotional Adjustment." *Journal of Applied Developmental Psychology* 31 (4): 261–72.

Volling, B. L., D. E. Kennedy, and L. M. H. Jackey. 2010. "The Development of Sibling Jealousy." In *Handbook of Jealousy: Theory, Research, and Multidisciplinary Approaches*, edited by S. L. Hart and M. Legerstee. Malden, MA: Blackwell Publishing.

Wachtel, E. 2001. "The Language of Becoming: Helping Children Change How They Think About Themselves." *Family Process* 40 (4): 369–84.

Wallace, H. M., and D. M. Tice. 2012. "Reflected Appraisal Through a 21st-Century Looking Glass." In *Handbook of Self and Identity*, edited by M. Leary and J. Tangney. 2nd ed. New York: Guilford Press.

Warneken, F., and M. Tomasello. 2008. "Extrinsic Rewards Undermine Altruistic Tendencies in 20-Month-Olds." *Developmental Psychology* 44 (6): 1785–88.

Watkins, E. R. 2016. *Rumination-Focused Cognitive-Behavioral Therapy for Depression*. New York: Guilford Press.

Watkins, E. R., and S. Nolen-Hoeksema. 2014. "A Habit-Goal Framework of Depressive Rumination." *Journal of Abnormal Psychology* 123 (1):

24–34.

Wayment, H. A., and J. J. Bauer. 2008. *Transcending Self-Interest: Psychological Explorations of the Quiet Ego.* Washington, DC: American Psychological Association.

Wayment, H. A., J. J. Bauer, and K. Sylaska. 2015. "The Quiet Ego Scale: Measuring the Compassionate Self-Identity." *Journal of Happiness Studies* 16 (4): 999–1033.

White, R. E., E. O. Prager, C. Schaefer, E. Kross, A. L. Duckworth, and S. M. Carlson. 2017. "The 'Batman Effect': Improving Perseverance in Young Children." *Child Development* 88 (5): 1563–71.

Wichmann, C., R. J. Coplan, and T. Daniels. 2004. "The Social Cognitions of Socially Withdrawn Children." *Social Development* 13 (3): 377–92.

Wigfield, A., J. S. Eccles, J. A. Fredricks, S. Simpkins, R. W. Roeser, and U. Schiefele. 2015. "Development of Achievement Motivation and Engagement." In *Socioemotional Processes.* Handbook of Child Psychology and Developmental Science, vol. 3, edited by M. E. Lamb and R. M. Lerner. 7th ed. New York: John Wiley and Sons.

Witvliet, M., P. A. Van Lier, P. Cuijpers, and H. M. Koot. 2010. "Change and Stability in Childhood Clique Membership, Isolation from Cliques, and Associated Child Characteristics." *Journal of Clinical Child and Adolescent Psychology* 39 (1): 12–24.

Wood, J. V., S. A. Heimpel, I. R. Newby-Clark, and M. Ross. 2005. "Snatching Defeat from the Jaws of Victory: Self-Esteem Differences in the Experience and Anticipation of Success." *Journal of Personality and Social Psychology* 89 (5): 764–80.

Wood, J. V., W. Q. E. Perunovic, and J. W. Lee. 2009. "Positive Self-Statements: Power for Some, Peril for Others." *Psychological Science* 20 (7): 860–66.

Zenner, C., S. Herrnleben-Kurz, and H. Walach. 2014. "Mindfulness-Based Interventions in Schools—A Systematic Review and Meta-analysis." *Frontiers in Psychology* 5: 603.

科学教养

硅谷超级家长课
教出硅谷三女杰的 TRICK 教养法
978-7-111-66562-5

自驱型成长
如何科学有效地培养孩子的自律
978-7-111-63688-5

父母的语言
3000 万词汇塑造更强大的学习型大脑
978-7-111-57154-4

有条理的孩子更成功
如何让孩子学会整理物品、管理时间和制订计划
978-7-111-65707-1

聪明却混乱的孩子
利用"执行技能训练"提升孩子学习力和专注力
978-7-111-66339-3

欢迎来到青春期
9~18 岁孩子正向教养指南
978-7-111-68159-5

学会自我接纳
帮孩子超越自卑,走向自信
978-7-111-65908-2

叛逆不是孩子的错
不打、不骂、不动气的温暖教养术(原书第 2 版)
978-7-111-57562-7

养育有安全感的孩子
978-7-111-65801-6